한 권으로 끝내는

덧셈 뺄셈

김수현 지음 · 전진희 그림

수 세기 ▶ 덧셈과 뺄셈 ▶ 모으기와 가르기

감각으로 키우는 수학 기본기!

카시오페아
Cassiopeia

감각으로 시작하는
처음 수학 공부

수학에 대한 부모님들의 관심은 여전히 뜨겁습니다. "선행 얼마나 했어요?"라고 물어볼 때, 이 질문 속에 등장하는 선행 학습 대상 과목은 의심의 여지 없이 100% '수학'을 지칭합니다. 사회, 과학, 음악, 체육, 도덕 등을 얼마나 선행했냐고 묻는 사람은 없으니까요. 얼마나 선행했느냐는 그 아이가 어느 정도로 공부를 잘하는가로 치환될 만큼 수학 진도가 가지는 의미는 꽤 힘이 있는 듯합니다. 정말로 '수학 선행'은 곧 '공부력'인 것일까요?

"선생님, 수학 선행이 필요한가요?"

초등 교사로서 학부모님들을 상담하면서, 도서관, 문화 센터 등 각종 부모 교육 강의에서 만난 미취학이나 초등 저학년 자녀를 둔 부모님들에게, 심지어 MBC 〈공부가 머니?〉에 전문가 패널로 출연했을 때 진행자분으로부터 같은 질문을 받았습니다. 그때마다 저의 대답은 늘 같았습니다. "네. 필요합니다"라고요. 깜짝 놀랄 일인가요? 하지만 단서가 붙습니다.

"딱 한 학기만요."

정말로 딱 한 학기만을 먼저 들여다보는 예습 수준의 선행은 필요합니다. 하지만 몇 학년을 거스르고 아이의 발달 단계에 맞지 않는, 고등 지식 훈련이 요구되는 과도한 수학 학습은 대부분의 아이들에게 필요하지 않습니다. 알려 준다고 해도 이해하는 것 자체가 어렵습니다. 혹시 이해한 것처럼 보일지도 모릅니다. 하지만 이 또한 사실 정확히 이해했다고 보기는 어렵습니다. 작은 상자 안에 스펀지 여러 개를 억지로 욱여넣는 느낌이지요. 대부분의 아이들에게 필요한 것은 따로 있습니다.

그것은 바로 '감각'입니다. 초등학교 입학을 앞둔 아이들에게 필요한 것은 모든 분야에 대한 감각입니다. 모국어인 한국어를 듣고 이해할 수 있으며 음운을 인식할 수 있는 언어 감각이 필요합니다. 빨리 뛰거나 천천히 걷거나 팔을 뻗어 점프하는 등의 운동 감각도 필요합니다. 정리되어 있지 않은 책상을 보고 깨끗이 정리해야겠다고 생각하는 것, 어려운 상황에 처한 친구를 도와주어야겠다고 생각하는 것, '이건 뭘까?' 하며 무언가에 대해 더 궁금해할 줄 아는 것 등과 같은 생활 감각도 필요합니다. 이맘때 아이들에게 요구되는 능력은 정말 이것이 전부입니다.

수학도 마찬가지입니다. 고차원적인 문제 해결력이 요구되는 어려운 서술형 문제를 너끈히 풀어내는 능력이 이 시기 아이들에게는 결코 필요 없습니다. 숫자가 가지는 의미, 자기도 모르게 일상생활에서 수학이 활용되는 것을 느끼는 경험 속에서 수 감각을 유지하고 점진적으로 발전시켜 나갈 수 있도록 그 발판만 준비하면 됩니다. 우리는 이것을 '수 감각(Number Sense)'이라고 부릅니다. 수 감각은 수에 대한 친근한 마음입니다. 여기서 '친근한 마음'은 '어렵지 않음'이라고 바꿔 생각해도 무방합니다. 수학자들은 수 감각을 '수에 대한 직관력'이라고 말합니다. 직관은 특별한 사유의 과정 없이 대상을 즉시 파악하는 능력이지요. 5세인 아이에게 몇 살이냐고 물었을 때, 아이가 손가락 5개를 펼쳐 보이며 "5살이요"라고 말하는 것이 바로 그 예입니다. 아이는 손가락 5개를 셀 수도 있으며, 손가락 5개가 숫자로 '5'를 의미하는 것도 알고 있고, 그것이 '5살'이라는 자신의 나이를 대변한다는 것도 알고 있습니다. 특별히 깊이 생각해서 알아낸 것이 아니라 직관적으로 압니다. 그만큼의 수 감각이 아이에게 있는 셈이지요.

아이의 수 감각은 특별한 교육 없이 점진적으로 발전한다고 합니다. 일상생활 속, 수가 사용되는 구체적인 상황을 경험하면서 자기도 모르게 학습하는 것입니다. 특정 수업을 듣거나 특정 문제집을 풀면서 몰랐던 내용을 갑자기 '아하!' 하고 알게 되는 것이 아니라는 말이지요. 그래서 이 책 『한 권으로 끝내는 덧셈 뺄셈』을 어렵지 않게 구성하려고 노력했습니다. 아이가 미처 몰랐던 지식을 주입하려고 하는, 그저 내용만이 빼곡한 수학 문제집이 아니라, 아이의 '감각 인지'를 계속 자극하는 학습입니다. '감각 인지'란 눈과 귀 등 감각 기관이 보거나 듣는 즉시 이해하는 것입니다. '감각'과 '인지'가 거의 동시에 이루어지는 것이지요. 따라서 한글을 읽지 못하는 아이들도 감각적으로 익혀 스스로 할 수 있도록 한글 사용을 최소한으로 줄였습니다.

초등학교 입학 전 아이의 수학은 무조건 감각으로 통합니다. 수학에 대한 감각만 잘 배우고 익혀서 입학해도 충분합니다. 이 책으로 아이의 감각 인지 활용 능력을 키우고 수학에 대한 근거 있는 자신감으로 무장해 초등학교에 입학할 수 있기를 기대합니다.

시작하기 전에 이것만은 꼭!

☑ 가급적 아이와 '함께' 이 책을 활용해 주세요. 그러면 아이는 주 양육자와의 공부 시간을 즐거운 추억으로 기억할 수 있게 됩니다.

☑ 시간에 쫓기지 마세요. 다만, 공부 시간을 규칙적으로 확보해 주세요. 시간에 쫓기며 하는 것보다는 여유로운 마음으로 해야 공부도 더 잘됩니다.

☑ 빨리할 때 칭찬하지 말고 열심히 할 때 칭찬해 주세요. 아이가 '빨리'보다는 '열심히'에 강화될 수 있게 해 주세요. 수학의 기초 단계에서는 신속성보다 정확성이 더 요구됩니다.

☑ 한 번에 많이 하는 것보다는 꾸준히 오래 하는 것이 훨씬 중요합니다. 조금씩 하되, 꾸준히 오래 하여 끝맺는 습관은 아이의 공부 습관의 토대가 되어 줍니다.

차례

유닛 가이드

UNIT 1 10까지의 수

대부분의 아이들이 처음으로 배우는 문자는 바로 숫자입니다. 아이는 한글이나 알파벳과 같은 글자보다는 숫자를 일상생활 속에서 먼저 만나게 되지요. 엘리베이터 버튼에서, 집 주소에서, 몸무게에서, 시계에서, 텔레비전 채널에서, 핸드폰에서 등 은연중에 굉장히 많은 숫자와 마주합니다. 그래서 학교를 들어가기 전에 이미 아이의 수 감각은 특별한 교육을 하지 않아도 점진적으로 발전합니다. 일상생활 속에서 수가 사용되는 구체적인 상황을 경험하면서 자기도 모르게 학습하는 셈이지요. 이런 이유로 아이들은 UNIT 1을 공부할 때 가장 큰 자신감을 보이며 씩씩하게 할 것입니다. 내가 평소에 많이 보고 느꼈던 내용이니까요. 어른의 시각에서는 한없이 쉽고 간단해 보이지만, 아이에게는 그동안 만났던 것들을 구체적으로 정리하는 아주 뜻깊은 시간이 될 것입니다. UNIT 1을 통해 아이는 특정 수만큼 묶어 보거나 색칠하는 활동을 통해 숫자와 양감을 함께 배우고 익히게 됩니다. 숫자가 커지면 양도 비례해서 커진다는 간단한 원리는 수 감각의 기초이므로 반드시 짚고 넘어가야 합니다. 그리고 수 이름도 다시 한번 배우고 익히는데, 혹시 한글을 정확히 몰라 맞

춤법이 헷갈리더라도 눈으로 자주 마주쳤던 경험들이 아이의 수학 기초에 완성도를 더해 줄 것입니다. 그러니 무엇보다 천천히 차근차근 할 수 있게 도와주세요. 빨리 끝내고 다음으로 넘어가고 싶은 급한 마음에 대강 하는 습관이 아이에게 물들지 않게 해 주세요. "시간이 걸리더라도 정확히 하는 네 모습이 정말 대단해"라고 자주 말해 주세요.

UNIT 2 10까지의 수 크기 비교

큰 수와 작은 수를 비교하려면 UNIT 1에서 수에 따른 양을 제대로 표현할 수 있어야 합니다. 이를테면 '3'이라는 숫자는 '셋'을 나타내므로 '○ ○ ○'를 그릴 수 있어야 하지요. '5'라는 숫자는 '다섯'을 나타내므로 '○ ○ ○ ○ ○'를 그릴 수 있어야 합니다. 양의 많고 적음은 곧 크고 작음입니다. 이 과정을 여러 번 반복하다 보면 아이는 자연스럽게 큰 수와 작은 수를 직관적으로 비교할 수 있게 됩니다. 10세 아이가 8세 아이보다는 크다는 사실, 4학년이 1학년보다는 높은 학년이라는 사실을 직관적으로 느낄 수 있는 것처럼요. 10까지의 수 크기 비교에 능숙한 아이는 수 감각이 탄탄해져 앞으로 나올 더 큰 숫자의 크기 비교도 같은 방법으로 할 수 있는 능력까지 발달합니다. UNIT 2가 굉장히 중요한 이유이지요.

UNIT 3 숫자 선 잇기

교실에서 살펴보면 유독 전화번호를 잘 외우는 아이가 있습니다. 숫자를 한 번 듣고 머릿속에 잘 저장시켜 오랫동안 기억하는 것이지요. 제법 복잡한 집 주소도 잘 기억합니다. 숫자와 친하니까요. 불규칙한 숫자의 배열도 익숙합니다. 전화번호, 주소, 비밀번호 등 우리는 숫자와 밀접한 관계를 맺으며 살고 있습니다. UNIT 3에서는 불규칙한 숫자의 배열을 눈으로 읽은 뒤에 그대로 또는 거꾸로 쓰고 나서 선으로 이어 보는 활동을 하게 됩니다. 눈으로 숫자를 하나씩 읽어 머릿속에 저장한 뒤, 그것을 쓰기와 선 잇기의 형태로 다시 시각적으로 구현해야 합니다. 숫자는 3개에서

4개, 4개에서 5개로 점차 늘어납니다. 아이들이 점진적으로 불규칙한 배열의 숫자를 소리 내어 읽고 쓰고 나서 선으로 이으며 숫자와 친해지는 경험을 하면, 숫자 기억력에도 큰 도움이 될 뿐만 아니라 자신감까지 얻을 것입니다.

UNIT 4 9까지의 수 덧셈

UNIT 1~3을 통해 익힌 수 개념을 바탕으로 덧셈을 공부합니다. 덧셈은 서로 다른 대상을 합했을 때 모두 몇이 되는지를 이해하는 것이 기본입니다. 덧셈을 처음 배우는 아이들일수록 계산하는 방법을 기계적으로 알려 주는 것보다는 그 과정을 이해시키는 것이 더 중요합니다. UNIT 4에서는 대상의 그림을 먼저 보고 그 수를 파악한 뒤, 수를 간단한 모양으로 바꿔 그 수가 어떻게 변하는지의 과정을 단순화하여 그려 봅니다. 그러고 나서 직접 숫자로 식을 써 보는 활동으로 넘어가 덧셈의 기본 틀을 견고하게 다질 예정입니다. 덧셈에는 '합병(둘 이상의 서로 다른 대상을 합치는 것)'과 '첨가(이미 있는 대상에 더 보태는 것)'가 있으나, 굳이 구분하지 않고 이 개념을 아이들이 자연스럽게 습득할 수 있도록 내용을 구성했습니다. 하지만 아이들이 덧셈이 이루어지는 상황에 대해 궁금해한다면, 각각의 예시를 부모님이 직접 설명해도 좋을 것 같습니다. 결국은 덧셈도 수 감각으로 통합니다. 수 감각을 갖춘 아이들은 덧셈도 쉽게 할 수 있기 때문입니다.

UNIT 5 9까지의 수 뺄셈

아이들은 유독 덧셈보다 뺄셈을 어려워하는 경향이 있습니다. 덧셈은 수 세기의 순서를 그대로 따르지만, 뺄셈은 수 세기의 순서를 역행하기 때문입니다. 그래서 뺄셈은 거꾸로 수 세기(9, 8, 7, 6, 5, 4, 3, 2, 1)를 연습하면 더욱 그 속도와 정확성을 높일 수 있습니다. 결국에는 뺄셈도 수 감각으로 귀결되는 셈이지요. 덧셈의 합병과 첨가 개념처럼 뺄셈은 '구잔(원래 있던 것에서 일부가 없어지고 남는 것)'과 '구차(서로 다른 대상의 개수 차이를 구하는 것)' 개념으로 나뉩니다. 아이들이 뺄셈이 이루어지는 상황을 더욱 어려워하기에 덧셈과 달리 뺄셈은 이같은 2가지 개념을 구분해서 꼼꼼하게 나눠 구성했습니다. UNIT 5에서는 아이가 수 세기의 순행이 아닌 역행을 해야 하는 어려운 과업에 도전하는 만큼 아이를 더 크게 격려하고 응원해 주면 좋겠습니다.

UNIT 6 10 모으기 10 가르기

10 모으기와 10 가르기는 거듭 강조해도 지나침이 없을 만큼 중요합니다. '모으기'는 덧셈의 기본이 되고, '가르기'는 뺄셈의 기본이 되기 때문이지요. 그래서 모으기와 가르기를 많이 하면 할수록 수 감각과 수 사이의 관계를 보다 확실하게 익힐 수 있습니다. 그런데 그중에서도 10 모으기와 10 가르기가 다른 수의 가르기보다 훨씬 중요한 이유는 바로 '10의 보수'를 익히는 방법이기 때문입니다. 10의 보수란, 10이 되기 위해 서로 보충해 주는 수를 말합니다. 1과 9, 2와 8, 3과 7, 4와 6, 5와 5가 10의 보수이지요. 10의 보수를 열심히 연습하다 보면 어떤 수가 모였을 때 10이 되는지를 빨리 파악할 수 있습니다. 이렇게 연습한 10의 보수는 나중에 나올 받아 올림이 있는 덧셈을 할 때 어떤 경우에 10이 넘는지를 금방 파악할 수 있게 합니다. 아시다시피 수학은 10진법을 기본으로 합니다. 10 모으기와 10 가르기는 10진법의 기본기를 탄탄하게 다지는 방법입니다.

UNIT 7 50까지의 수

UNIT 7에서는 아이가 제법 큰 수를 배우게 됩니다. 바로 50까지의 수입니다. 50까지의 수는 1학년 1학기 수학 5단원의 제목이기도 합니다. 동시에 1학년 1학기 수학에서 아이들이 가장 어려워하는 단원이기도 하지요. "50까지의 수가 왜 어렵지?"라는 생각을 할 수도 있습니다. 그런데 정말 실제로 1학년 아이들은 50까지의 수를 어려워합니다. '스물', '서른', '마흔', '쉰'이라는 우리 말을 생각보다 많이 접하진 못했으니까요. 처음부터 100까지의 수가 아니라 50까지의 수를 배우는 이유는,

아이들이 점차 커지는 수의 계열성을 보다 차근차근 접할 필요가 있기 때문입니다. 50까지의 수를 잘 익히면 1학년 2학기에 나오는 100까지의 수 개념도 무난히 익힐 수 있습니다. UNIT 7에서는 50까지의 수를 세어 보고, 순서대로 익혀 볼 예정입니다. 수의 순서를 계속해서 강조하는 이유는 아이들의 수 감각을 튼튼하게 키워 나가기 위한 토대이기 때문입니다. UNIT 7을 익힌 다음에는 50까지의 수를 일상생활 속에서도 많이 언급해 주세요. 공부와 생활이 적용되고 연결되어야 공부 성취감이 극대화된다는 사실을 잊지 마세요.

이 책의 활용법

『한 권으로 끝내는 덧셈 뺄셈』은 이런 책이에요

1부터 50까지의 수 세기, 받아 올림과 받아 내림이 없는 덧셈과 뺄셈, 모으기와 가르기를 한 권으로 끝냅니다. UNIT 1부터 UNIT 7까지 한 유닛 한 유닛 차근차근 따라가다 보면 어떤 아이든지 힘들이지 않고 수학에 자신감을 가질 수 있게 됩니다. 기초 수학의 내용을 초등 1학년 교과서에서 핵심만 추려 구성했기 때문입니다.

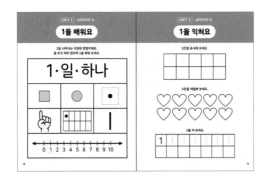

UNIT 1 10까지의 수

1부터 10까지의 수 각각을 모양, 주사위, 손가락, 표, 탤리 마크(Tally Mark), 수직선 등으로 다양하게 표현한 '수 감각 보드'를 활용해서 배웁니다. 보드의 내용을 눈으로만 살펴보기보다는 손으로 짚으면서 소리 내어 읽어 봅니다.

UNIT 2 10까지의 수 크기 비교

1부터 10까지의 수를 활용해 크기를 비교합니다. 크기 비교 대상을 '친근한 그림 → 간단한 모양 → 숫자' 순으로 읽고 쓰면서 체계적으로 수 크기 비교를 공부합니다.

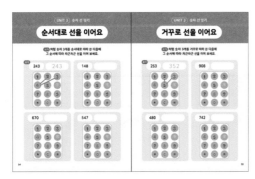

UNIT 3 숫자 선 잇기

특정한 규칙이 없는 숫자 3개, 4개, 5개를 순서대로 또는 거꾸로 쓴 다음, 전화 키패드에 이어서 표시해 봅니다. 숫자의 개수와 순서에 각별히 유의해서 학습하면 수 감각이 발달합니다.

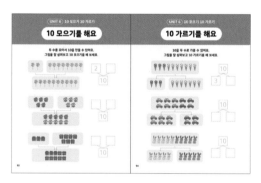

UNIT 4　9까지의 수 덧셈

1부터 9까지의 수를 대상으로 하여 받아 올림이 없는 덧셈을 배우고 익힙니다. '친근한 그림 → 단순한 모양 → 숫자' 순으로 덧셈을 하다가 점차 복잡한 그림, 수직선, 수식 등으로 학습 내용이 확장됩니다.

UNIT 5　9까지의 수 뺄셈

1부터 9까지의 수를 대상으로 하여 받아 내림이 없는 뺄셈을 배우고 익힙니다. '친근한 그림 → 단순한 모양 → 숫자' 순으로 뺄셈을 익히다가 점차 복잡한 그림, 수직선, 수식 등으로 학습 내용이 확장됩니다.

UNIT 6　10 모으기 10 가르기

1부터 9까지의 수를 대상으로 하여 10을 만들 수 있는 여러 가지 방법을 배우고 익힙니다. 모으기와 가르기는 비슷해 보이지만 분명히 다른 활동임을 잘 알고 공부해야 최대의 학습 효과를 거둘 수 있습니다.

UNIT 7　50까지의 수

11부터 50까지의 수 각각을 숫자와 탤리 마크로 배우고, 한자어와 순우리말로 읽어 봅니다. 내용을 눈으로만 살펴보기보다는 손으로 짚으면서 소리 내어 읽고 확인 표시까지 해 봅니다.

보너스 영상
QR 코드를 스캔해 김수현 선생님이 직접 설명하는 책 소개를 만나 보세요.

보너스 부록
QR 코드를 스캔해 이 책의 답안지를 다운로드 받으세요.

최고 멋쟁이 _____ (이)의
한 권 끝 계획표

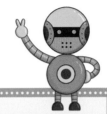

- 총 30일, 이 책을 공부하는 동안 아이가 사용하는 한 권 끝 계획표입니다. 하루 10분, 날마다 적당한 분량을 공부할 수 있도록 난이도에 따라 2~6쪽으로 구성했습니다.

- 한 권 끝 계획표를 사용하기 전, 가장 먼저 상단 제목 빈칸에 아이가 직접 자신의 이름을 쓰도록 지도해 주세요. 책임감을 기르고 자기 주도 학습의 출발점이 됩니다.

- 아이가 한 권 끝 계획표를 야무지게 활용할 수 있도록 다음과 같이 지도해 주세요.
  ❶ 공부를 시작하기 전, 한 권 끝 계획표에 공부 날짜를 씁니다.
  ❷ 공부 날짜를 쓴 다음, 공부 내용과 쪽수를 스스로 확인합니다.
  ❸ 책장을 넘겨서 신나고 즐겁게 그날의 내용을 공부합니다.
  ❹ 공부를 마친 후, 다시 한 권 끝 계획표를 펼쳐 공부 확인에 표시합니다.

- 한 권 끝 계획표의 공부 확인에는 공부를 잘 마친 아이가 느낄 수 있는 감정을 그림으로 담았습니다. 그날의 공부를 마친 아이가 ⭐(신남), ♥(설렘), ☺(기쁨)을 살펴보고 표시하면서 성취감을 느낄 수 있도록 많이 격려하고 칭찬해 주세요.

UNIT 1 10까지의 수

	공부 날짜		공부 내용	쪽수	공부 확인
1일	월	일	1, 2, 3	18~23쪽	⭐ ❤️ 😊
2일	월	일	4, 5, 6	24~29쪽	⭐ ❤️ 😊
3일	월	일	7, 8, 9	30~35쪽	⭐ ❤️ 😊
4일	월	일	10, 수만큼 묶기 수만큼 색칠하기	36~39쪽	⭐ ❤️ 😊
5일	월	일	수 이름(한자어) 찾기 수 이름(순우리말) 찾기	40~43쪽	⭐ ❤️ 😊

UNIT 2 10까지의 수 크기 비교

	공부 날짜		공부 내용	쪽수	공부 확인
6일	월	일	그림 보고 수 쓰기 큰 수와 작은 수	44~49쪽	⭐ ❤️ 😊
7일	월	일	가장 큰 수 찾기 가장 작은 수 찾기	50~53쪽	⭐ ❤️ 😊

UNIT 3 숫자 선 잇기

	공부 날짜		공부 내용	쪽수	공부 확인
8일	월	일	숫자 3개, 숫자 4개 순서대로 선 잇기 거꾸로 선 잇기	54~57쪽	⭐ ❤️ 😊
9일	월	일	숫자 5개, 숫자 N개 순서대로 선 잇기 거꾸로 선 잇기	58~61쪽	⭐ ❤️ 😊

UNIT 4 9까지의 수 덧셈

공부 날짜			공부 내용	쪽수	공부 확인
10일	월	일	덧셈 시작 덧셈 연습 ①, ②	62~65쪽	⭐ 🖤 😊
11일	월	일	덧셈 연습 ③, ④ 답 찾아 연결하기	66~69쪽	⭐ 🖤 😊
12일	월	일	가장 큰 수 찾기 가장 작은 수 찾기	70~73쪽	⭐ 🖤 😊
13일	월	일	덧셈 만들기	74~75쪽	⭐ 🖤 😊

UNIT 5 9까지의 수 뺄셈

공부 날짜			공부 내용	쪽수	공부 확인
14일	월	일	뺄셈 시작	76~77쪽	⭐ 🖤 😊
15일	월	일	뺄셈 연습 ①, ②	78~81쪽	⭐ 🖤 😊
16일	월	일	뺄셈 연습 ③, ④ 답 찾아 연결하기	82~85쪽	⭐ 🖤 😊
17일	월	일	가장 큰 수 찾기 가장 작은 수 찾기	86~89쪽	⭐ 🖤 😊
18일	월	일	뺄셈 만들기	90~91쪽	⭐ 🖤 😊

UNIT 6 10 모으기 10 가르기

공부 날짜			공부 내용	쪽수	공부 확인
19일	월	일	10 모으기 10 가르기	92~95쪽	⭐ 🖤 😊
20일	월	일	10 모으기 연습 ①, ② 10 가르기 연습 ①, ②	96~101쪽	⭐ 🖤 😊
21일	월	일	10 만들기 10 찾아 따라가기	102~105쪽	⭐ 🖤 😊

UNIT 7 50까지의 수

공부 날짜			공부 내용	쪽수	공부 확인
22일	월	일	11~15, 16~20 11~20 수 세기	106~108쪽	★ ♥ ☺
23일	월	일	11~20 순서 연습 ①, ② 11~20 수 연결하기	109~111쪽	★ ♥ ☺
24일	월	일	21~25, 26~30 21~30 수 세기	112~114쪽	★ ♥ ☺
25일	월	일	21~30 순서 연습 ①, ② 21~30 수 연결하기	115~117쪽	★ ♥ ☺
26일	월	일	31~35, 36~40 31~40 수 세기	118~120쪽	★ ♥ ☺
27일	월	일	31~40 순서 연습 ①, ② 31~40 수 연결하기	121~123쪽	★ ♥ ☺
28일	월	일	41~45, 46~50 41~50 수 세기	124~126쪽	★ ♥ ☺
29일	월	일	41~50 순서 연습 ①, ② 41~50 수 연결하기	127~129쪽	★ ♥ ☺
30일	월	일	수 이름(한자어) 찾기 수 이름(순우리말) 찾기 11~50 순서 연습	130~135쪽	★ ♥ ☺

1을 배워요

1을 나타내는 다양한 방법이에요.
잘 보고 따라 읽으며 1을 배워 보세요.

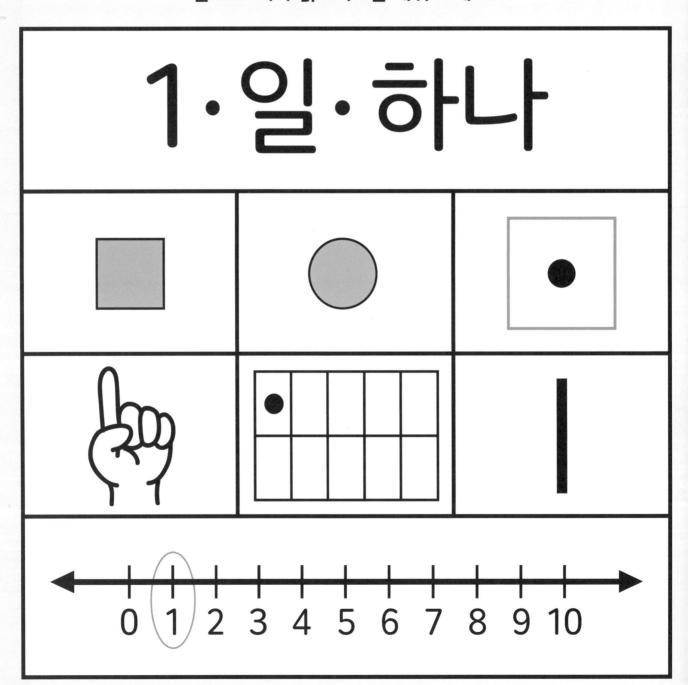

1을 익혀요

1만큼 표시해 보세요.

1만큼 색칠해 보세요.

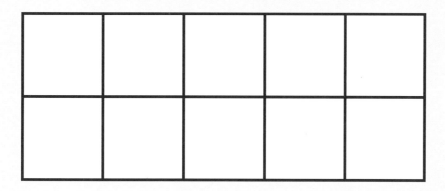

1을 써 보세요.

2를 배워요

2를 나타내는 다양한 방법이에요.
잘 보고 따라 읽으며 2를 배워 보세요.

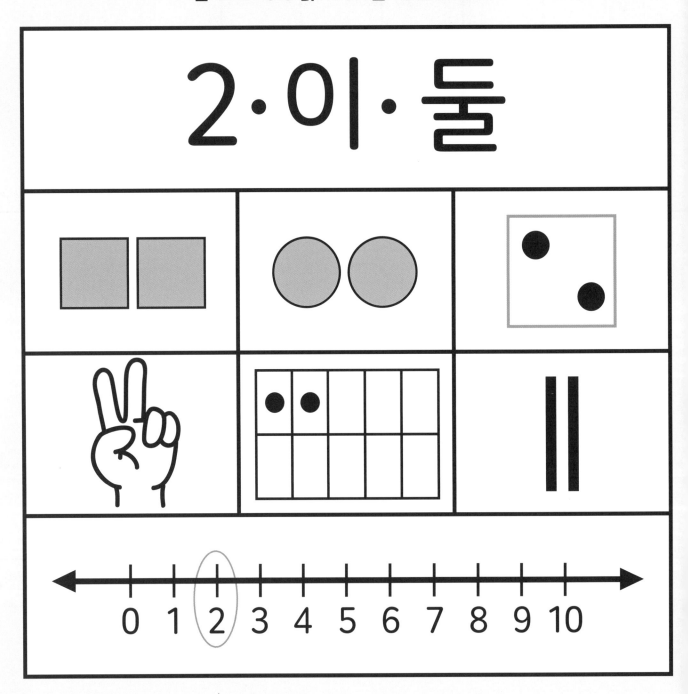

2를 익혀요

2만큼 표시해 보세요.

2만큼 색칠해 보세요.

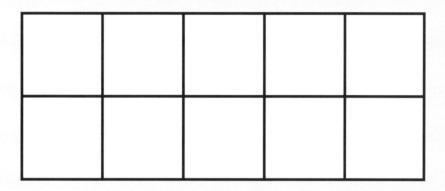

2를 써 보세요.

3을 배워요

3을 나타내는 다양한 방법이에요.
잘 보고 따라 읽으며 3을 배워 보세요.

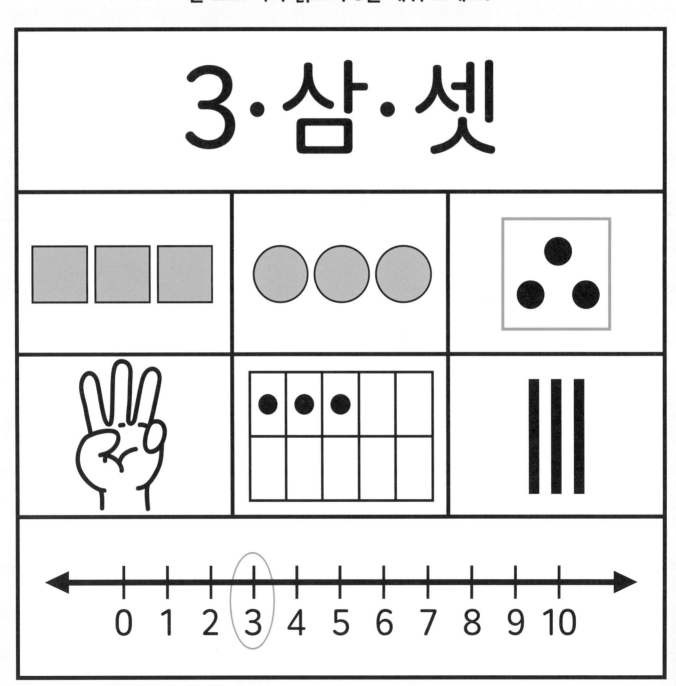

3을 익혀요

3만큼 표시해 보세요.

3만큼 색칠해 보세요.

3을 써 보세요.

3	3	3	3	3	3	3

4를 배워요

4를 나타내는 다양한 방법이에요.
잘 보고 따라 읽으며 4를 배워 보세요.

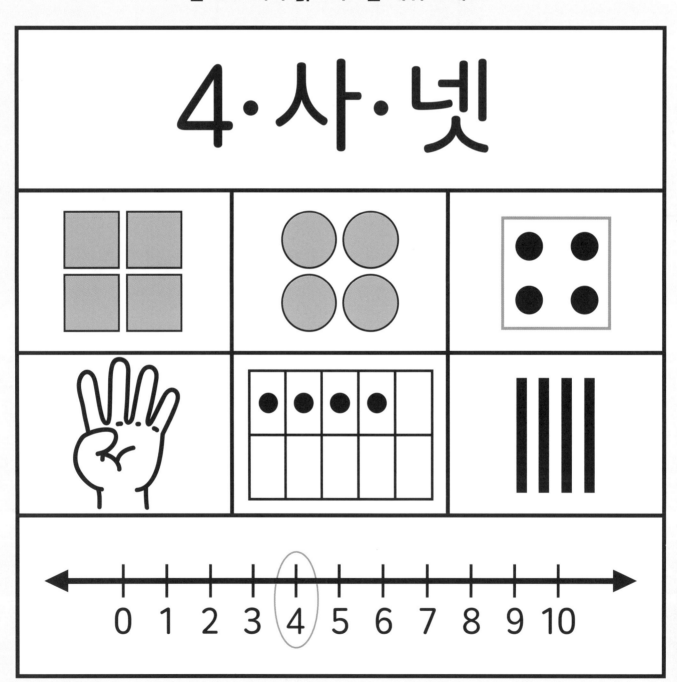

4를 익혀요

4만큼 표시해 보세요.

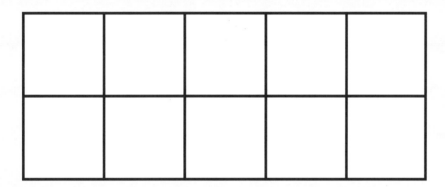

4만큼 색칠해 보세요.

4를 써 보세요.

4	4	4	4	4	4	4

5를 배워요

5를 나타내는 다양한 방법이에요.
잘 보고 따라 읽으며 5를 배워 보세요.

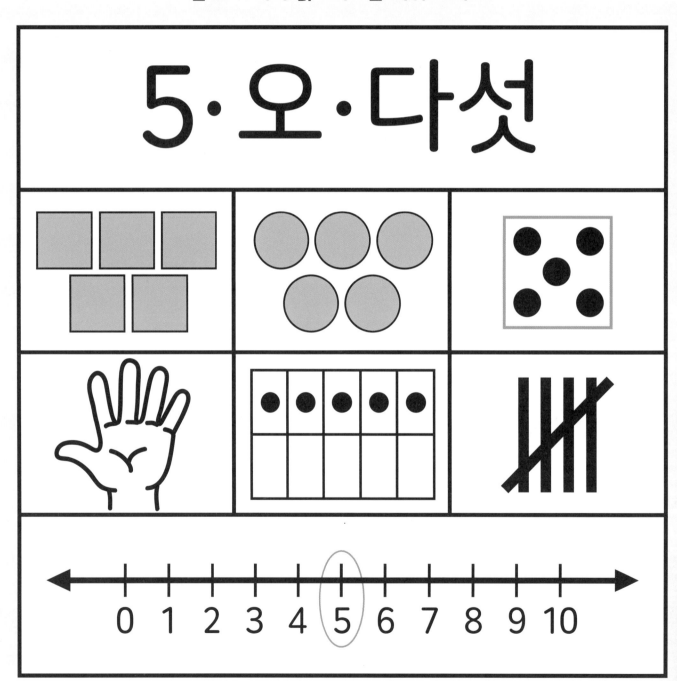

5를 익혀요

5만큼 표시해 보세요.

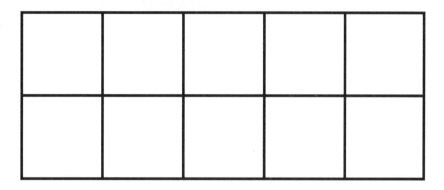

5만큼 색칠해 보세요.

5를 써 보세요.

5	5	5	5	5	5	5

6을 배워요

6을 나타내는 다양한 방법이에요.
잘 보고 따라 읽으며 6을 배워 보세요.

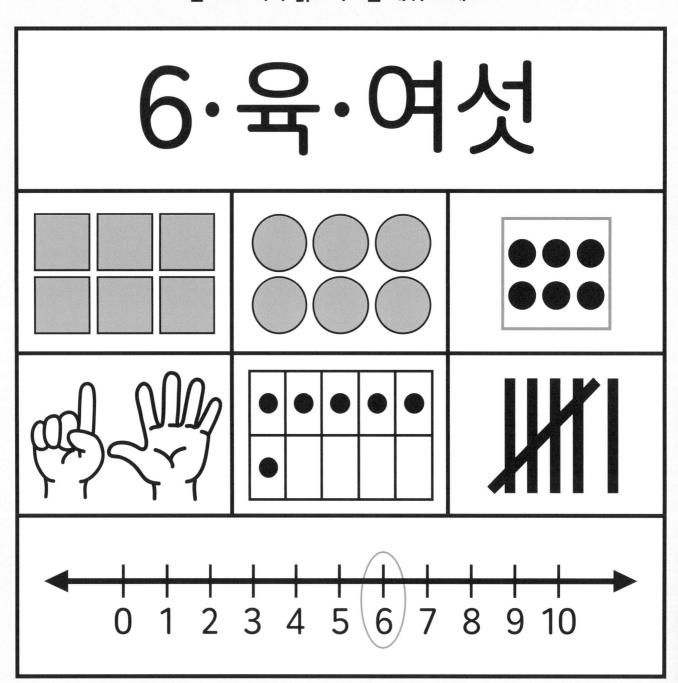

6을 익혀요

6만큼 표시해 보세요.

6만큼 색칠해 보세요.

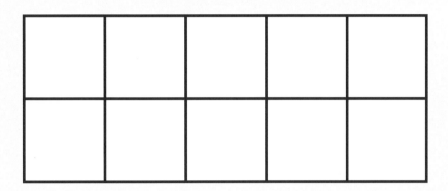

6을 써 보세요.

7을 배워요

7을 나타내는 다양한 방법이에요.
잘 보고 따라 읽으며 7을 배워 보세요.

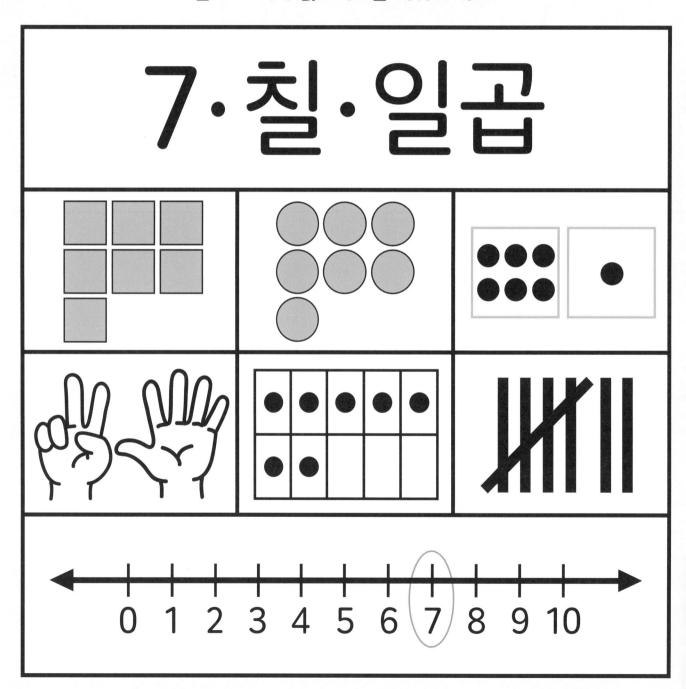

7을 익혀요

7만큼 표시해 보세요.

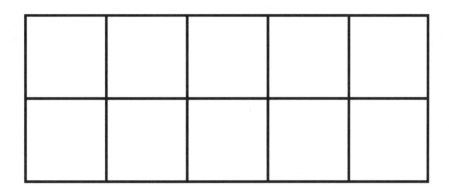

7만큼 색칠해 보세요.

7을 써 보세요.

7	7	7	7	7	7	7

8을 배워요

8을 나타내는 다양한 방법이에요.
잘 보고 따라 읽으며 8을 배워 보세요.

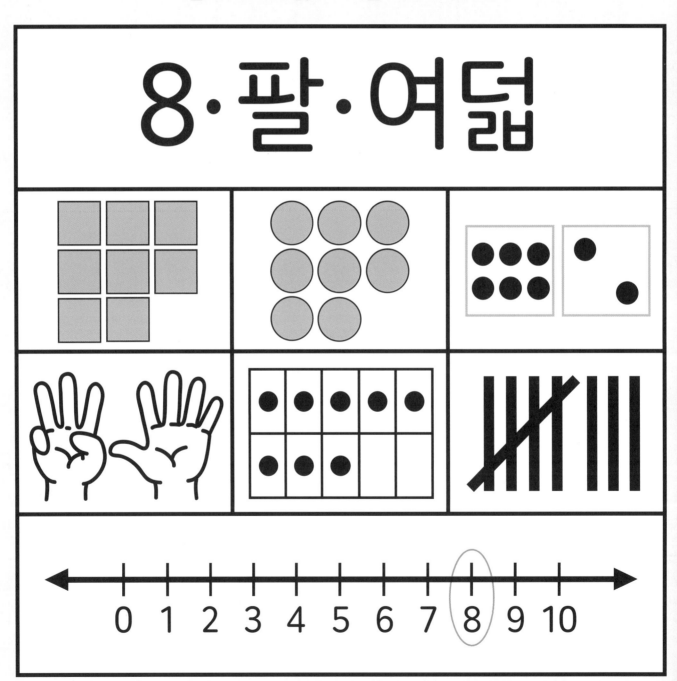

8을 익혀요

8만큼 표시해 보세요.

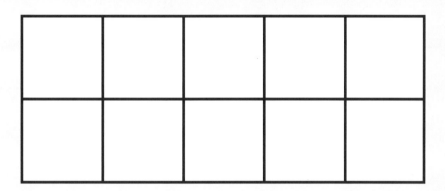

8만큼 색칠해 보세요.

8을 써 보세요.

8	8	8	8	8	8	8

9를 배워요

9를 나타내는 다양한 방법이에요.
잘 보고 따라 읽으며 9를 배워 보세요.

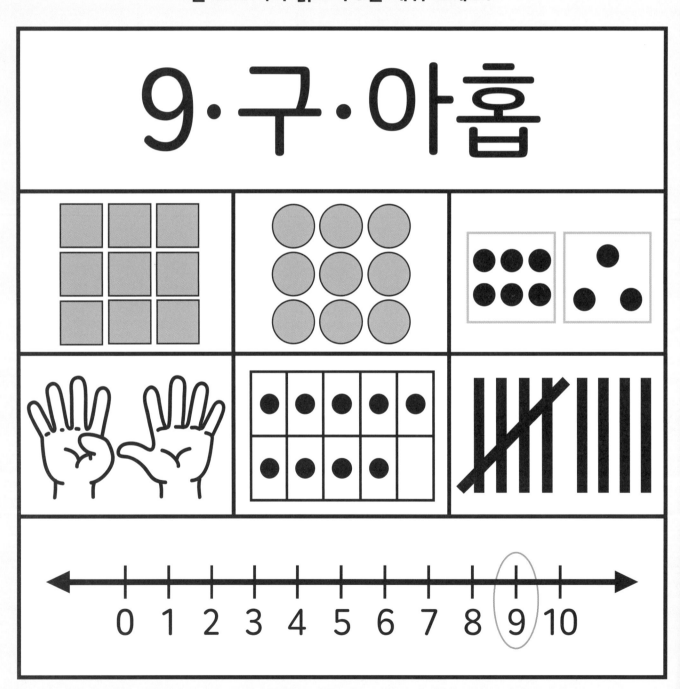

9·구·아홉

0 1 2 3 4 5 6 7 8 9 10

9를 익혀요

9만큼 표시해 보세요.

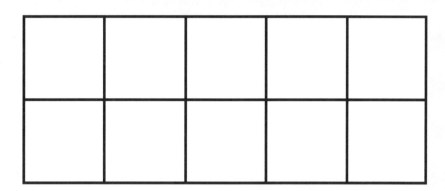

9만큼 색칠해 보세요.

9를 써 보세요.

9	9	9	9	9	9	9

10을 배워요

10을 나타내는 다양한 방법이에요.
잘 보고 따라 읽으며 10을 배워 보세요.

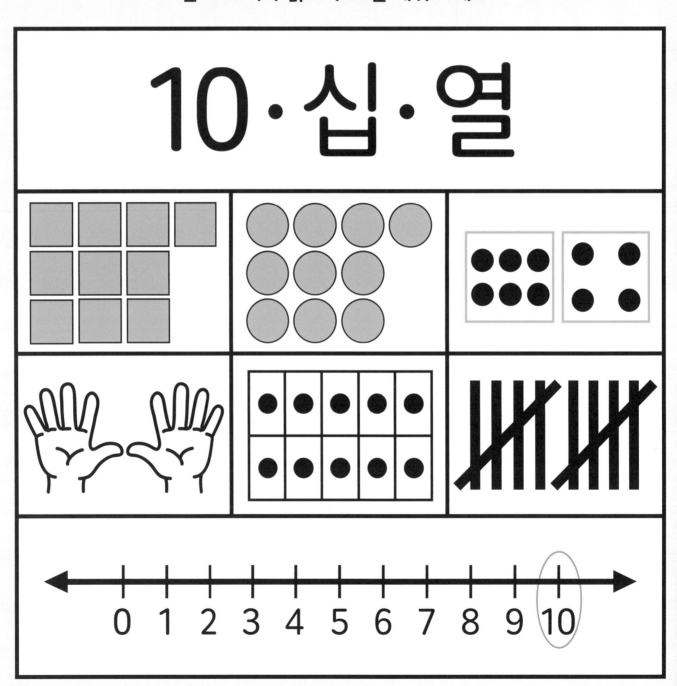

10을 익혀요

10만큼 표시해 보세요.

10만큼 색칠해 보세요.

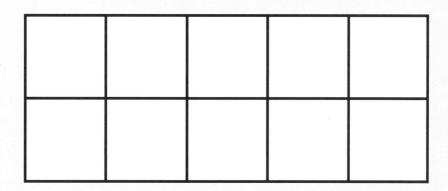

10을 써 보세요.

수만큼 묶어요

10까지의 수를 즐겁게 공부하는 시간이에요.
보기 처럼 그 수만큼 묶어 보세요.

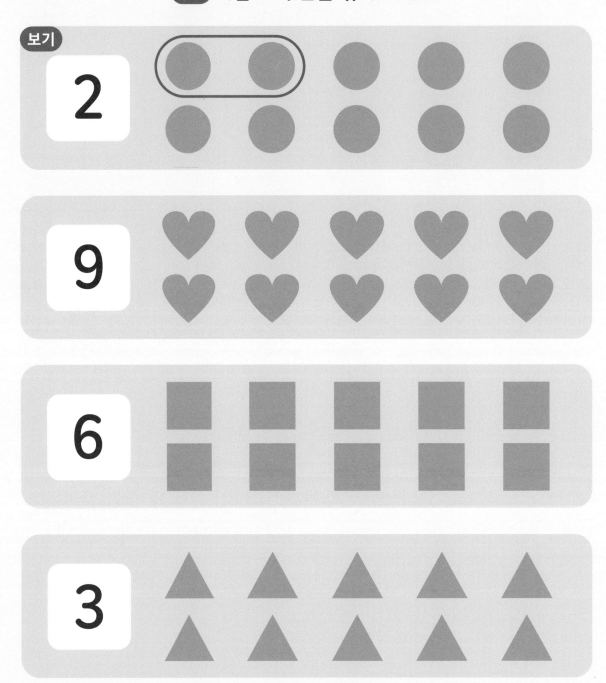

수만큼 색칠해요

10까지의 수를 즐겁게 공부하는 시간이에요.
보기 처럼 그 수만큼 색칠해 보세요.

보기

4

7

5

8

이름을 찾아요 ①

10까지의 수를 즐겁게 공부하는 시간이에요.
왼쪽의 숫자를 잘 보고 알맞은 이름을 찾아 연결해 보세요.

3 ·   · 팔

8 ·   · 십

1 ·   · 오

5 ·   · 일

10 ·   · 삼

이름을 찾아요 ①

10까지의 수를 즐겁게 공부하는 시간이에요.
왼쪽의 숫자를 잘 보고 알맞은 이름을 찾아 연결해 보세요.

4 ·   · 사

6 ·   · 구

2 ·   · 칠

7 ·   · 육

9 ·   · 이

이름을 찾아요 ②

10까지의 수를 즐겁게 공부하는 시간이에요.
왼쪽의 숫자를 잘 보고 알맞은 이름을 찾아 연결해 보세요.

2 ·　　　　　· 아홉

6 ·　　　　　· 여덟

8 ·　　　　　· 셋

3 ·　　　　　· 둘

9 ·　　　　　· 여섯

이름을 찾아요 ②

10까지의 수를 즐겁게 공부하는 시간이에요.
왼쪽의 숫자를 잘 보고 알맞은 이름을 찾아 연결해 보세요.

4 ·   · 하나

10 ·   · 열

5 ·   · 일곱

1 ·   · 다섯

7 ·   · 넷

그림을 보고 수를 써요

농장에서 동물들이 신나게 놀고 있어요.
각각 동물이 몇 마리인지 보기 처럼 표시하고 수를 써 보세요.

보기

○				

1

큰 수와 작은 수를 배워요

각각 동물의 수를 쓴 다음, 큰 수 동물에 ○ 해 보세요.

큰 수 동물은?

각각 동물의 수를 쓴 다음, 작은 수 동물에 ○ 해 보세요.

큰 수 동물은?

45

그림을 보고 수를 써요

시장에서 새콤달콤한 과일을 팔고 있어요.
각각 과일이 몇 개인지 보기 처럼 표시하고 수를 써 보세요.

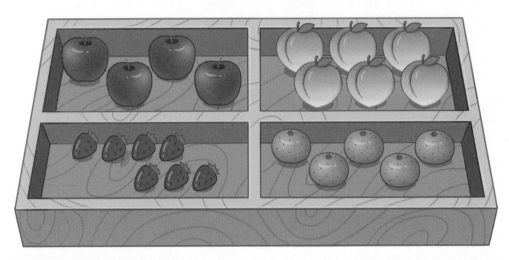

보기

큰 수와 작은 수를 배워요

각각 과일의 수를 쓴 다음, 큰 수 과일에 ○ 해 보세요.

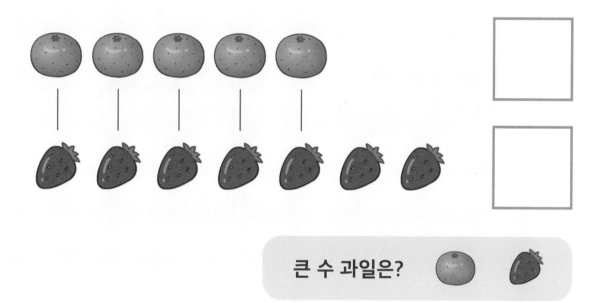

큰 수 과일은?

각각 과일의 수를 쓴 다음, 작은 수 과일에 ○ 해 보세요.

작은 수 과일은?

그림을 보고 수를 써요

꽃밭에 예쁜 꽃들이 활짝 피어 있어요.
각각 꽃이 몇 송이인지 보기 처럼 표시하고 수를 써 보세요.

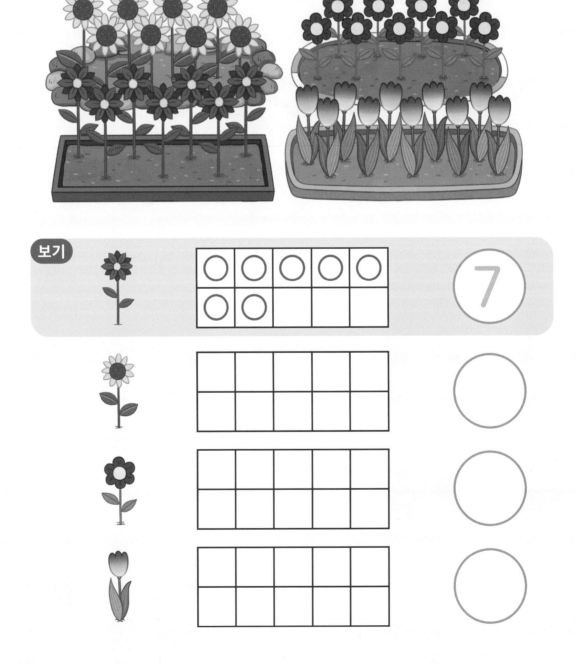

큰 수와 작은 수를 배워요

각각 꽃의 수를 쓴 다음, 큰 수 꽃에 ○ 해 보세요.

큰 수 꽃은?

각각 꽃의 수를 쓴 다음, 작은 수 꽃에 ○ 해 보세요.

작은 수 꽃은?

49

가장 큰 수를 찾아요

어항 속 물고기의 수를 세서 빈칸에 써 보세요.
그러고 나서 가장 큰 수의 물고기 그림에 색칠해 보세요.

가장 큰 수를 찾아요

나무에 열린 사과의 수를 세서 빈칸에 써 보세요.
그리고 나서 가장 큰 수의 사과 그림에 색칠해 보세요.

개

개

개

가장 작은 수를 찾아요

방석에 앉아 있는 고양이의 수를 세서 빈칸에 써 보세요.
그러고 나서 가장 작은 수의 고양이 그림에 색칠해 보세요.

마리

마리

마리

가장 작은 수를 찾아요

꽃병 속 꽃의 수를 세서 빈칸에 써 보세요.
그러고 나서 가장 작은 수의 꽃 그림에 색칠해 보세요.

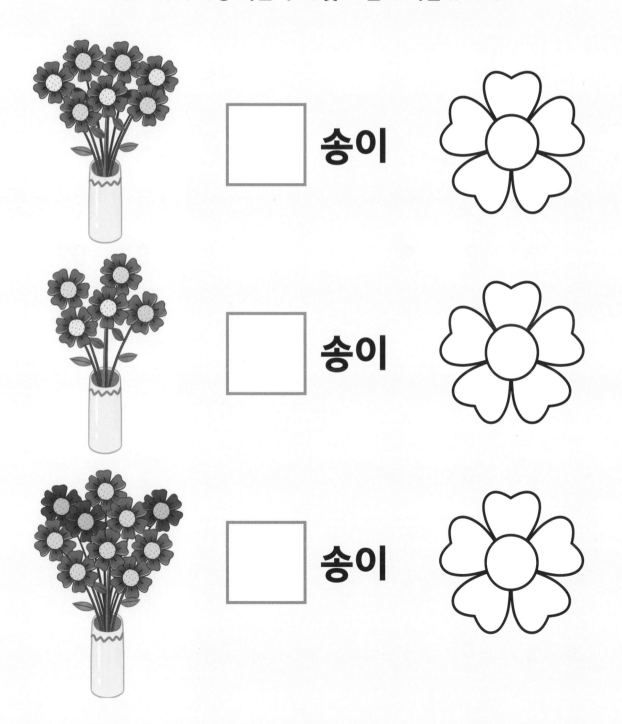

□ 송이

□ 송이

□ 송이

순서대로 선을 이어요

보기 처럼 숫자 3개를 순서대로 따라 쓴 다음에
그 순서에 따라 차근차근 선을 이어 보세요.

보기

243   243

148

670

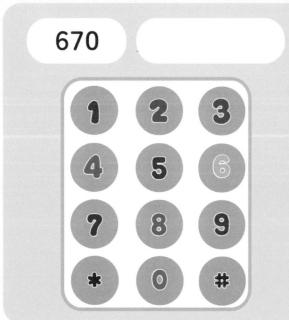

547

54

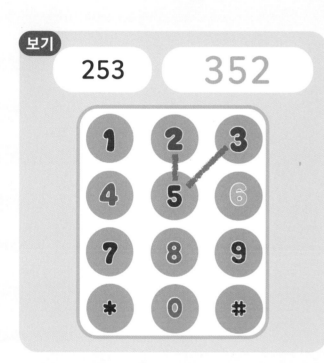

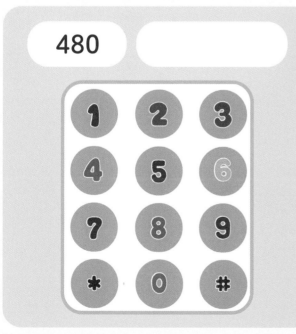

거꾸로 선을 이어요

보기 처럼 숫자 3개를 거꾸로 따라 쓴 다음에
그 순서에 따라 차근차근 선을 이어 보세요.

보기

253   352

908

480

742

순서대로 선을 이어요

보기 처럼 숫자 4개를 순서대로 따라 쓴 다음에
그 순서에 따라 차근차근 선을 이어 보세요.

보기 3590 3590

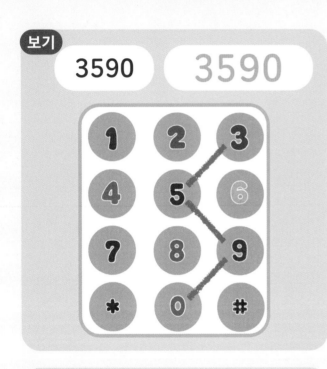

2578

6709

4126

거꾸로 선을 이어요

보기 처럼 숫자 4개를 거꾸로 따라 쓴 다음에
그 순서에 따라 차근차근 선을 이어 보세요.

보기

2480　0842

3698

4807

5214

순서대로 선을 이어요

보기 처럼 숫자 5개를 순서대로 따라 쓴 다음에
그 순서에 따라 차근차근 선을 이어 보세요.

보기 35908 **35908**

14789

86541

23570

거꾸로 선을 이어요

보기 처럼 숫자 5개를 거꾸로 따라 쓴 다음에
그 순서에 따라 차근차근 선을 이어 보세요.

보기
35689   98653

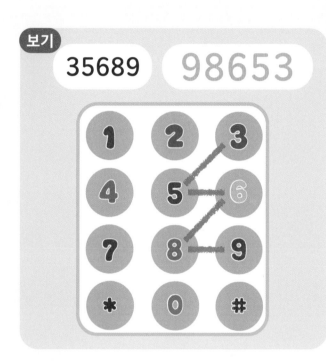

15709

87426

23657

순서대로 선을 이어요

숫자를 순서대로 따라 쓴 다음에
그 순서에 따라 차근차근 선을 이어 보세요.

357

4590

106

74269

거꾸로 선을 이어요

숫자를 거꾸로 따라 쓴 다음에
그 순서에 따라 차근차근 선을 이어 보세요.

257

4780

709

84236

덧셈을 시작해요

풀밭에서 흰 양과 검은 양들이 뛰어놀고 있어요.
양이 모두 몇 마리인지 덧셈을 해 보세요.

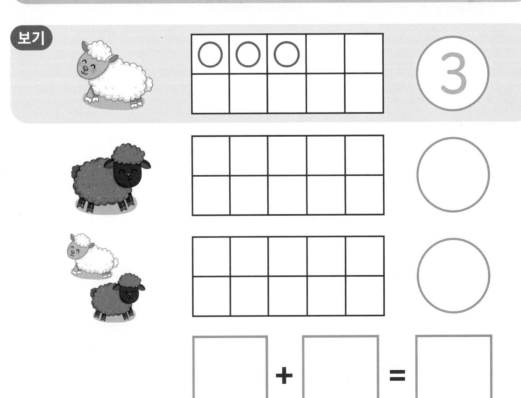

덧셈을 시작해요

산신령이 금도끼와 은도끼를 선물로 주려고 해요.
도끼가 모두 몇 개인지 덧셈을 해 보세요.

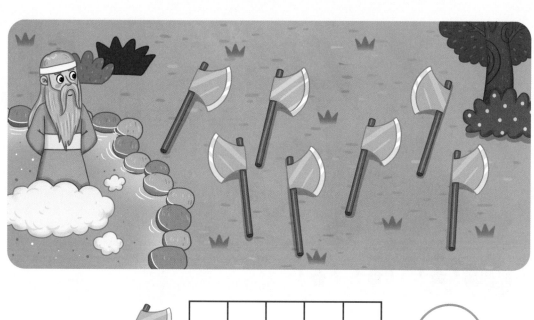

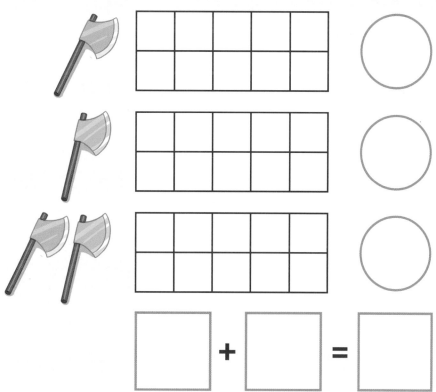

덧셈을 연습해요 ①

그림을 잘 보고 표에 ○를 한 다음,
빈칸에 숫자를 쓰고 덧셈을 해 보세요.

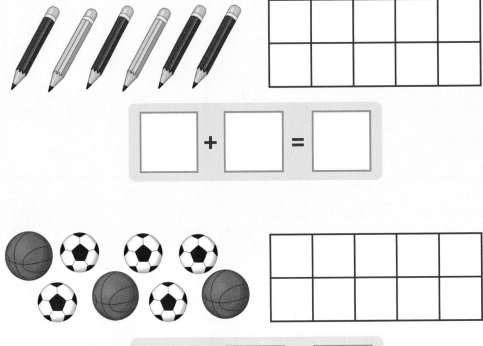

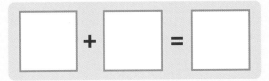

덧셈을 연습해요 ②

그림을 잘 보고 빈칸에 알맞은 숫자를 쓴 다음,
천천히 차근차근 덧셈을 해 보세요.

☐ ☐
☐

☐ + ☐ = ☐

☐ ☐
☐

☐ + ☐ = ☐

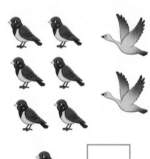

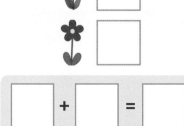 ☐

☐ ☐

☐ + ☐ = ☐

 ☐

☐ ☐

☐ + ☐ = ☐

덧셈을 연습해요 ③

숫자를 잘 보고 수직선에 화살표로 표시한 다음,
천천히 차근차근 덧셈을 해 보세요.

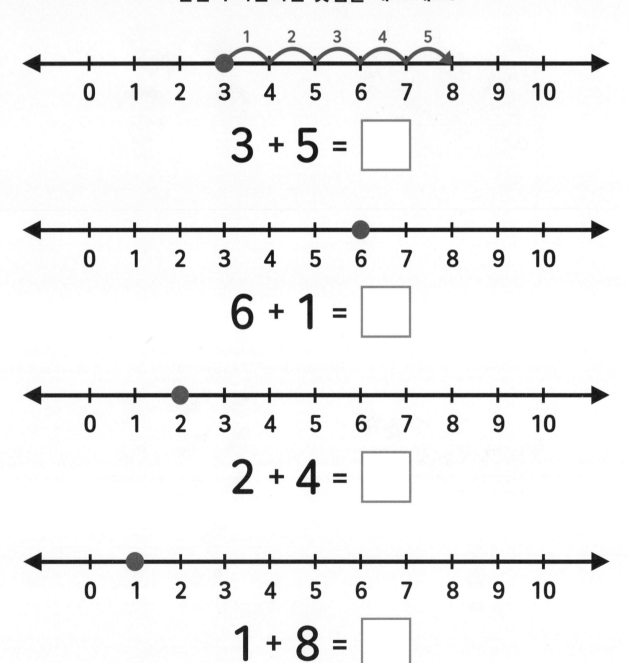

$3 + 5 =$ ☐

$6 + 1 =$ ☐

$2 + 4 =$ ☐

$1 + 8 =$ ☐

덧셈을 연습해요 ④

숫자만으로 이루어진 식을 잘 살펴보고
천천히 차근차근 덧셈을 해 보세요.

$2 + 5 =$ ☐ $1 + 7 =$ ☐

$3 + 6 =$ ☐ $4 + 4 =$ ☐

$5 + 1 =$ ☐ $7 + 2 =$ ☐

$5 + 3 =$ ☐ $6 + 2 =$ ☐

$8 + 1 =$ ☐ $3 + 3 =$ ☐

답을 찾아 연결해요

그림 위에 나와 있는 덧셈을 한 다음에
알맞은 답을 찾아 선으로 연결해 보세요.

3 + 5 =   6

6 + 1 =   7

2 + 4 =   5

1 + 8 =   8

2 + 3 =   9

답을 찾아 연결해요

그림 위에 나와 있는 덧셈을 한 다음에
알맞은 답을 찾아 선으로 연결해 보세요.

1 + 2 =

5 + 4 =

2 + 2 =

3 + 4 =

1 + 1 =

2

3

7

9

4

가장 큰 수를 찾아요

그림 위에 나와 있는 덧셈을 한 다음에
답이 가장 큰 수를 찾아 ○ 해 보세요.

3 + 5 =

6 + 1 =

2 + 4 =

1 + 8 =

2 + 3 =

가장 큰 수를 찾아요

그림 위에 나와 있는 덧셈을 한 다음에
답이 가장 큰 수를 찾아 ○ 해 보세요.

1 + 1 =

2 + 2 =

3 + 3 =

4 + 4 =

5 + 1 =

가장 작은 수를 찾아요

그림 위에 나와 있는 덧셈을 한 다음에
답이 가장 작은 수를 찾아 ○ 해 보세요.

2 + 1 =

6 + 3 =

7 + 2 =

4 + 4 =

1 + 8 =

가장 작은 수를 찾아요

그림 위에 나와 있는 덧셈을 한 다음에
답이 가장 작은 수를 찾아 ○ 해 보세요.

$8 + 1 =$

$4 + 4 =$

$3 + 3 =$

$2 + 2 =$

$1 + 1 =$

덧셈을 만들어요

어항에 들어 있는 숫자 중 두 수를 고르면
덧셈을 만들 수 있어요. 두 수를 빈칸에 써 보세요.

$\boxed{}$ + $\boxed{}$ = **5**

$\boxed{}$ + $\boxed{}$ = **9**

$\boxed{}$ + $\boxed{}$ = **7**

$\boxed{}$ + $\boxed{}$ = **8**

덧셈을 만들어요

사과나무에 열려 있는 숫자 중 두 수를 고르면
덧셈을 만들 수 있어요. 두 수를 빈칸에 써 보세요.

$\boxed{} + \boxed{} = 2$

$\boxed{} + \boxed{} = 8$

$\boxed{} + \boxed{} = 4$

$\boxed{} + \boxed{} = 6$

뺄셈을 시작해요

오늘은 기다리던 내 생일이에요.
켜진 촛불이 모두 몇 개인지 뺄셈을 해 보세요.

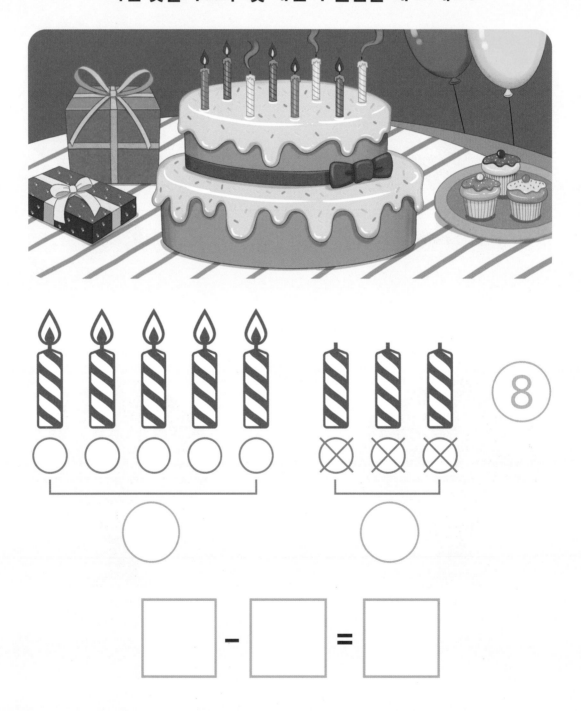

뺄셈을 시작해요

오늘은 신나는 체육 대회가 열리는 날이에요. 빨간 모자를 쓴 친구가
파란 모자를 쓴 친구보다 몇 명이 더 많은지 뺄셈을 해 보세요.

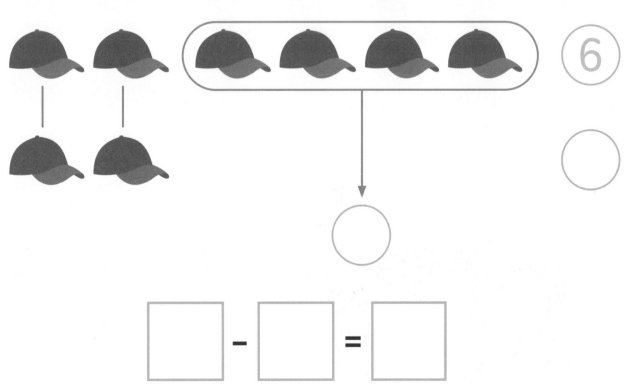

뺄셈을 연습해요 ①

그림을 잘 보고 동그라미에 X를 한 다음,
빈칸에 숫자를 쓰고 차근차근 뺄셈을 해 보세요.

$$7 - \boxed{4} = \boxed{}$$

$$5 - \boxed{} = \boxed{}$$

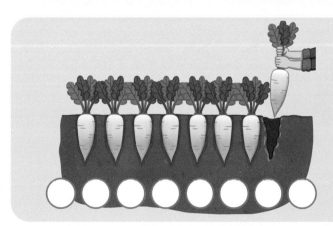

$$8 - \boxed{} = \boxed{}$$

뺄셈을 연습해요 ①

그림을 잘 보고 모양을 연결한 다음,
빈칸에 숫자를 쓰고 차근차근 뺄셈을 해 보세요.

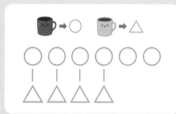

6 - 4 =

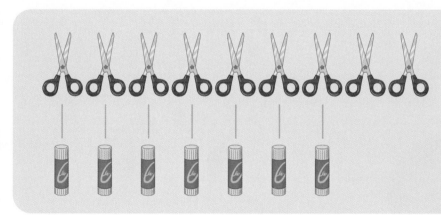

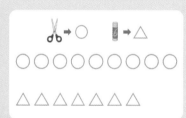

9 - ☐ = ☐

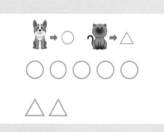

5 - ☐ = ☐

뺄셈을 연습해요 ②

그림을 잘 보고 동그라미에 X를 한 다음,
빈칸에 숫자를 쓰고 차근차근 뺄셈을 해 보세요.

4 - 1 =

☐ - ☐ = ☐

☐ - ☐ = ☐

☐ - ☐ = ☐

뺄셈을 연습해요 ②

그림을 잘 보고 모양을 연결한 다음,
빈칸에 숫자를 쓰고 차근차근 뺄셈을 해 보세요.

8 - 2 = ☐

☐ - ☐ = ☐

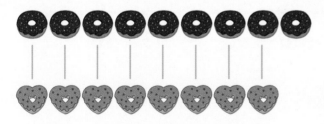

☐ - ☐ = ☐

☐ - ☐ = ☐

뺄셈을 연습해요 ③

숫자를 잘 보고 수직선에 화살표로 표시한 다음,
천천히 차근차근 뺄셈을 해 보세요.

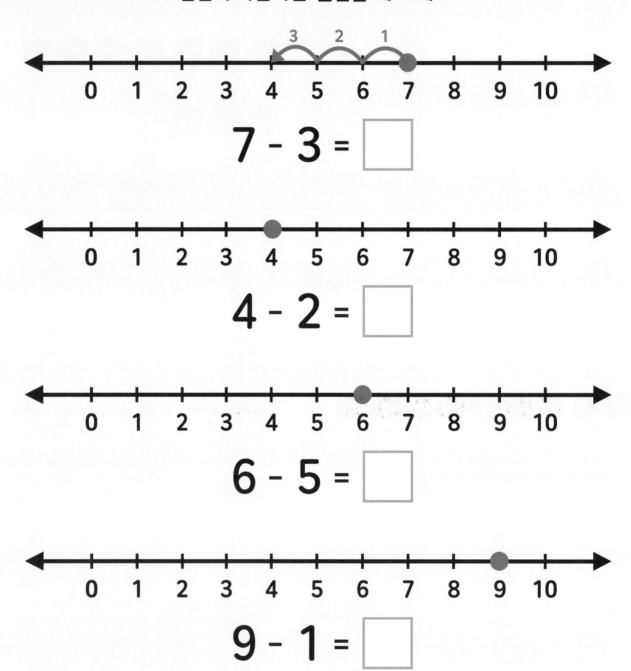

$7 - 3 =$ ☐

$4 - 2 =$ ☐

$6 - 5 =$ ☐

$9 - 1 =$ ☐

뺄셈을 연습해요 ④

숫자만으로 이루어진 식을 잘 살펴보고
천천히 차근차근 뺄셈을 해 보세요.

6 - 2 = ☐   9 - 1 = ☐

7 - 3 = ☐   5 - 4 = ☐

8 - 7 = ☐   4 - 2 = ☐

9 - 6 = ☐   3 - 1 = ☐

6 - 3 = ☐   7 - 5 = ☐

답을 찾아 연결해요

그림 위에 나와 있는 뺄셈을 한 다음에
알맞은 답을 찾아 선으로 연결해 보세요.

3 - 2 =　　　　　　　4

9 - 7 =　　　　　　　1

6 - 1 =　　　　　　　2

5 - 2 =　　　　　　　5

8 - 4 =　　　　　　　3

답을 찾아 연결해요

그림 위에 나와 있는 뺄셈을 한 다음에
알맞은 답을 찾아 선으로 연결해 보세요.

9 - 1 =

8 - 2 =

7 - 3 =

6 - 5 =

4 - 2 =

1

4

6

2

8

가장 큰 수를 찾아요

그림 위에 나와 있는 뺄셈을 한 다음에
답이 가장 큰 수를 찾아 ○ 해 보세요.

6 - 1 =

9 - 3 =

5 - 2 =

4 - 1 =

8 - 7 =

가장 큰 수를 찾아요

그림 위에 나와 있는 뺄셈을 한 다음에
답이 가장 큰 수를 찾아 ○ 해 보세요.

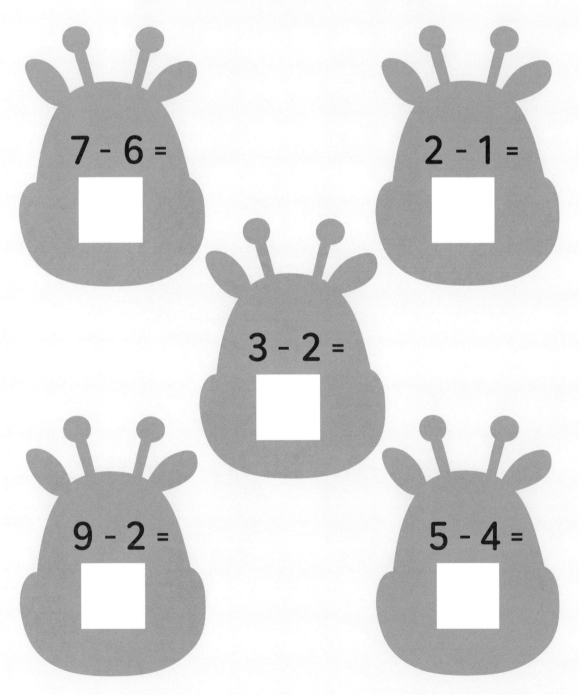

7 - 6 =

2 - 1 =

3 - 2 =

9 - 2 =

5 - 4 =

가장 작은 수를 찾아요

그림 위에 나와 있는 뺄셈을 한 다음에
답이 가장 작은 수를 찾아 ○ 해 보세요.

8 - 7 =

5 - 2 =

6 - 1 =

4 - 1 =

9 - 3 =

88

가장 작은 수를 찾아요

그림 위에 나와 있는 뺄셈을 한 다음에
답이 가장 작은 수를 찾아 ○ 해 보세요.

3 - 1 =

9 - 8 =

5 - 2 =

7 - 4 =

6 - 3 =

뺄셈을 만들어요

어항에 들어 있는 숫자 중 두 수를 고르면
뺄셈을 만들 수 있어요. 두 수를 빈칸에 써 보세요.

☐ - ☐ = 2

☐ - ☐ = 5

☐ - ☐ = 6

☐ - ☐ = 3

뺄셈을 만들어요

사과나무에 열려 있는 숫자 중 두 수를 고르면
뺄셈을 만들 수 있어요. 두 수를 빈칸에 써 보세요.

☐ - ☐ = 1

☐ - ☐ = 6

☐ - ☐ = 4

☐ - ☐ = 7

10 모으기를 해요

두 수를 모아서 10을 만들 수 있어요.
그림을 잘 살펴보고 10 모으기를 해 보세요.

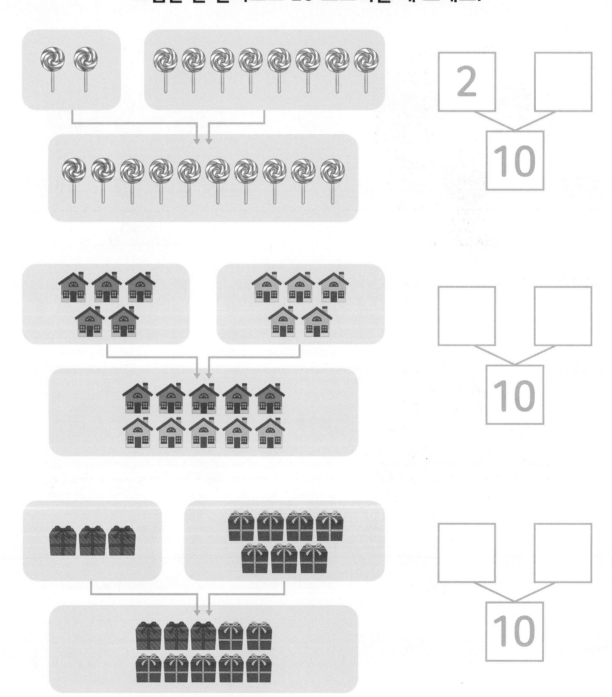

10 모으기를 해요

두 수를 모아서 10을 만들 수 있어요.
그림을 잘 살펴보고 10 모으기를 해 보세요.

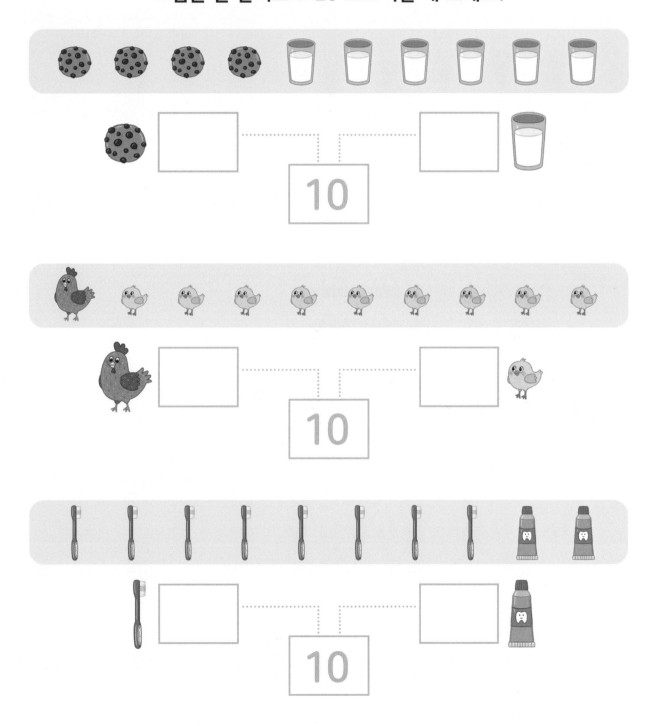

10 가르기를 해요

10을 두 수로 가를 수 있어요.
그림을 잘 살펴보고 10 가르기를 해 보세요.

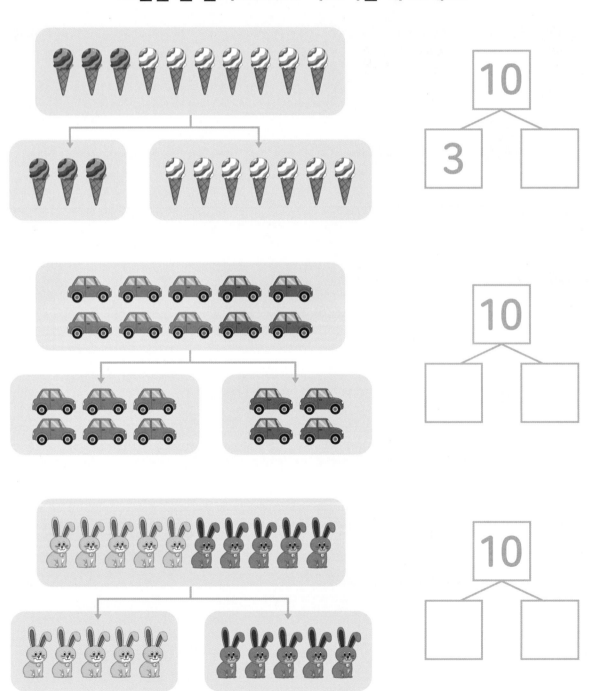

94

10 가르기를 해요

10을 두 수로 가를 수 있어요.
그림을 잘 살펴보고 10 가르기를 해 보세요.

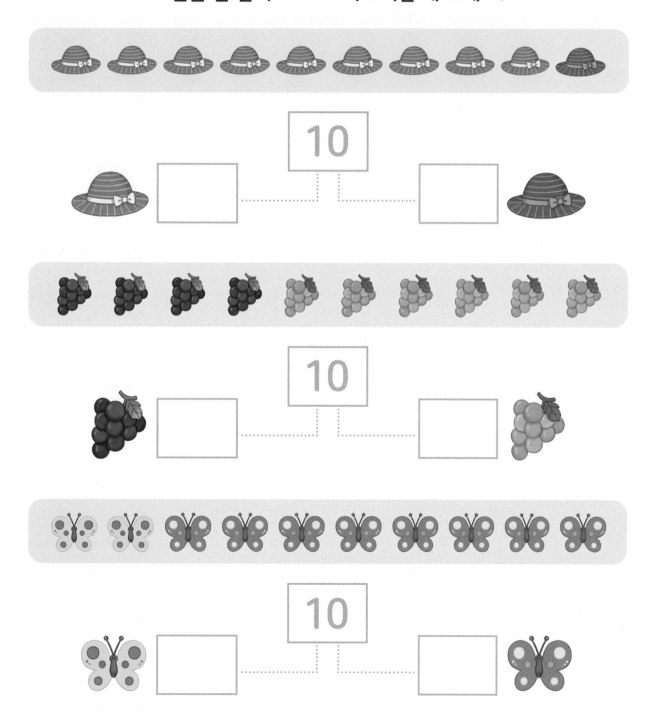

10 모으기를 연습해요 ①

손가락으로 10을 만들 수 있어요.
10을 만들 수 있는 손가락끼리 연결해 보세요.

10 모으기를 연습해요 ①

손가락으로 10을 만들 수 있어요.
10을 만들 수 있는 손가락끼리 연결해 보세요.

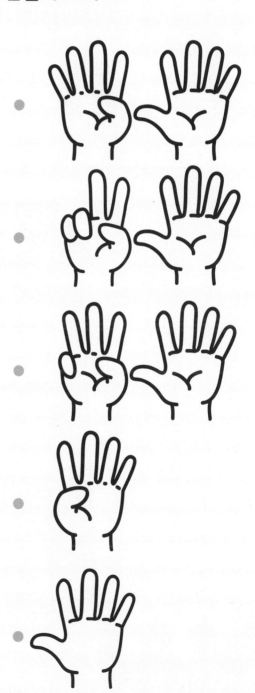

10 가르기를 연습해요 ①

10 가르기의 성에 오신 것을 환영해요.
빈 창문에 알맞은 수를 써 보세요.

98

10 모으기를 연습해요 ②

10 모으기를 마음껏 연습해 볼 시간이에요.
천천히 차근차근 빈칸에 알맞은 수를 써 보세요.

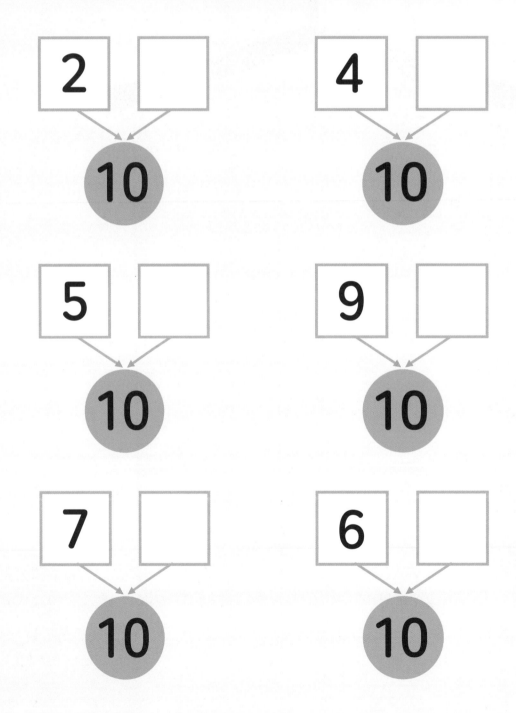

10 가르기를 연습해요 ②

10 가르기를 마음껏 연습해 볼 시간이에요.
천천히 차근차근 빈칸에 알맞은 수를 써 보세요.

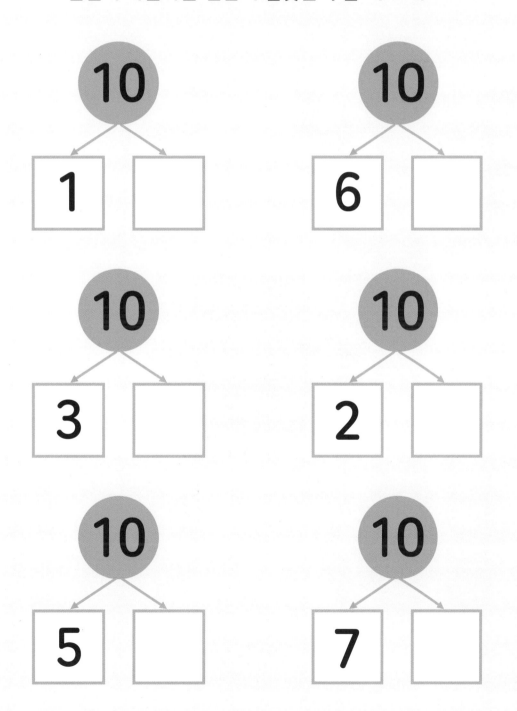

10을 만들어요

오늘 수업 시간에 여러 숫자를 곰돌이 메모지에 적었어요.
모아서 10이 되는 두 수에 ○ 해 보세요.

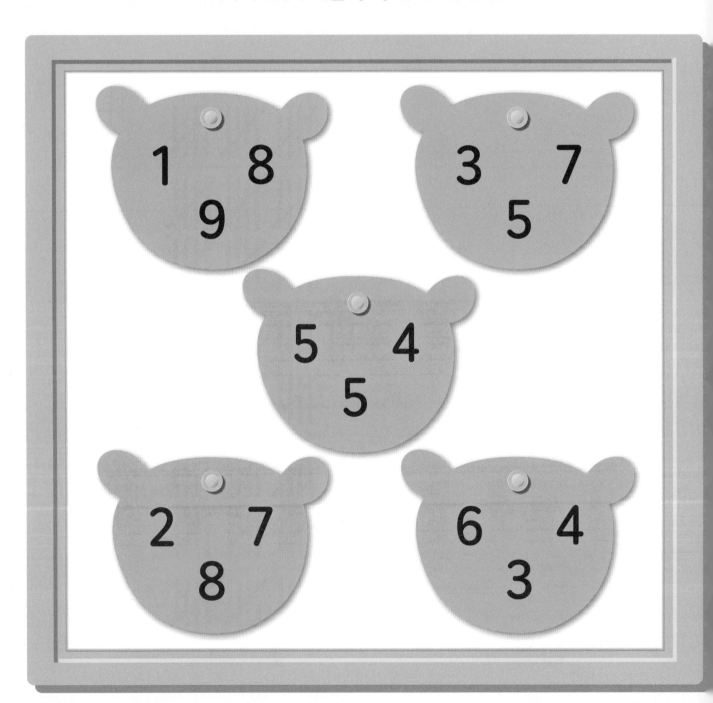

10을 만들어요

오늘 수업 시간에 여러 숫자를 꽃 메모지에 적었어요.
모아서 10이 되는 두 수에 ○ 해 보세요.

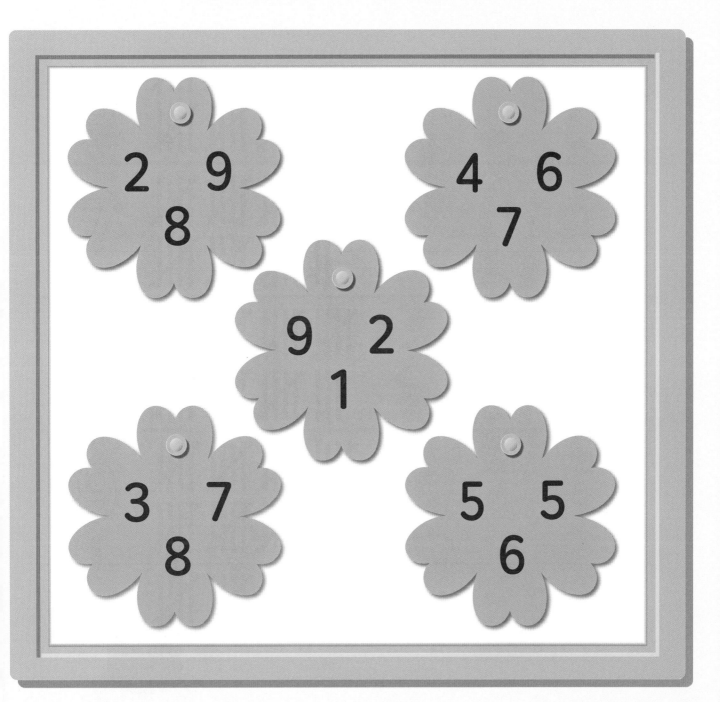

10을 찾아 따라가요

삐악삐악 병아리가 애타게 엄마 닭을 찾고 있어요.
제대로 10 가르기를 한 것을 찾아 따라가 보세요.

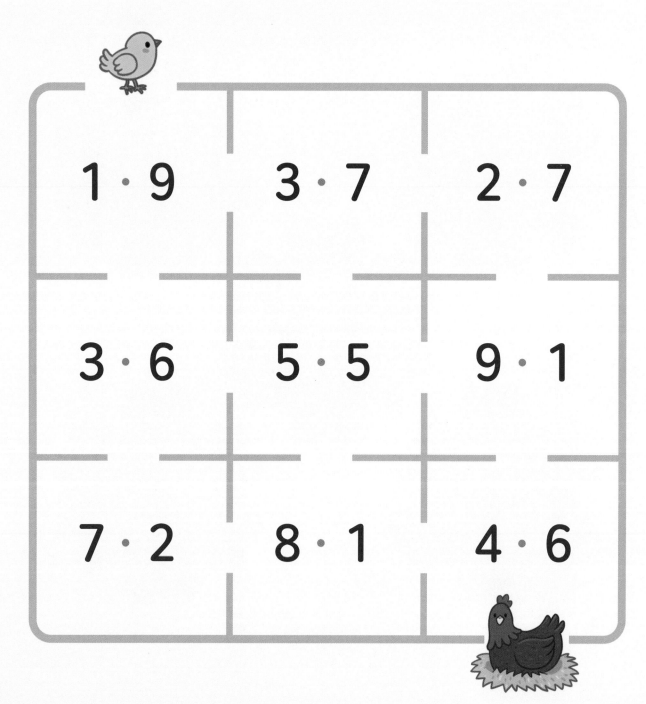

10을 찾아 따라가요

팔랑팔랑 나비가 달콤한 사탕을 찾고 있어요.
제대로 10 가르기를 한 것을 찾아 따라가 보세요.

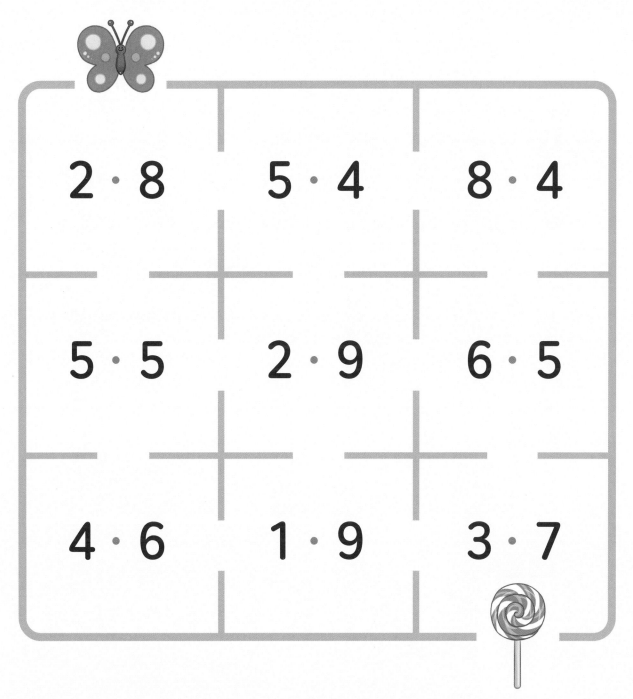

11부터 15를 배워요

11부터 15까지 숫자를 천천히 따라 쓴 다음에
또박또박 읽고 확인 표시를 해 보세요.

11 　　 ~~|||| |~~ ~~|||| |~~ |　　 십일 ☐
　　　　　　　　　　　　　　　　　　열하나 ☐

12 　　 ~~|||| |~~ ~~|||| |~~ ||　　 십이 ☐
　　　　　　　　　　　　　　　　　　열둘 ☐

13 　　 ~~|||| |~~ ~~|||| |~~ |||　　 십삼 ☐
　　　　　　　　　　　　　　　　　　열셋 ☐

14 　　 ~~|||| |~~ ~~|||| |~~ ||||　　 십사 ☐
　　　　　　　　　　　　　　　　　　열넷 ☐

15 　　 ~~|||| |~~ ~~|||| |~~ ~~|||| |~~　　 십오 ☐
　　　　　　　　　　　　　　　　　　열다섯 ☐

16부터 20을 배워요

16부터 20까지 숫자를 천천히 따라 쓴 다음에
또박또박 읽고 확인 표시를 해 보세요.

16　십육 ☐
　　열여섯 ☐

17　십칠 ☐
　　열일곱 ☐

18　십팔 ☐
　　열여덟 ☐

19　십구 ☐
　　열아홉 ☐

20　이십 ☐
　　스물 ☐

11부터 20까지 수를 세요

그림을 잘 살펴보고 빈칸에 알맞은 수를 쓴 다음,
천천히 또박또박 읽고 색칠해 보세요.

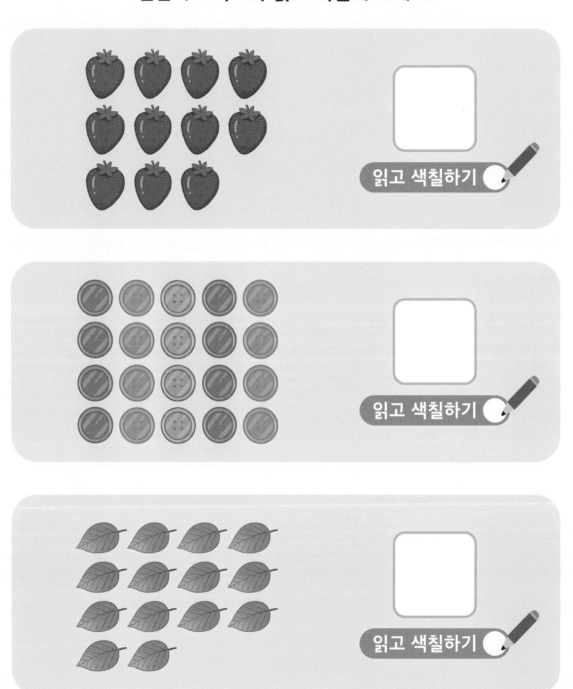

읽고 색칠하기

읽고 색칠하기

읽고 색칠하기

11부터 20까지 순서를 연습해요 ①

11부터 20까지 순서를 잘 생각하면서
숫자의 앞뒤 빈칸에 알맞은 수를 써 보세요.

| | 12 | | | 14 | |

| | 15 | | | 17 | |

| | 18 | | | 19 | |

| | 13 | | | 16 | |

11부터 20까지 순서를 연습해요 ②

11부터 20까지 순서를 잘 생각하면서
빈칸에 알맞은 수를 써 보세요.

11	12		14		16

	13	14	15	16	

13		15	16		18

14	15			18	19

15	16	17	18		

11부터 20까지 수를 연결해요

하늘에 반짝반짝 별이 아름답게 떠 있어요.
11부터 20까지 수를 차례대로 연결해서 그림을 완성해 보세요.

21부터 25를 배워요

21부터 25까지 숫자를 천천히 따라 쓴 다음에
또박또박 읽고 확인 표시를 해 보세요.

21 𝍷𝍷𝍷𝍷𝍷 𝍷𝍷𝍷𝍷𝍷 𝍷𝍷𝍷𝍷𝍷 𝍷𝍷𝍷𝍷𝍷 |

이십일 ☐
스물하나 ☐

22 𝍷𝍷𝍷𝍷𝍷 𝍷𝍷𝍷𝍷𝍷 𝍷𝍷𝍷𝍷𝍷 𝍷𝍷𝍷𝍷𝍷 ||

이십이 ☐
스물둘 ☐

23 𝍷𝍷𝍷𝍷𝍷 𝍷𝍷𝍷𝍷𝍷 𝍷𝍷𝍷𝍷𝍷 𝍷𝍷𝍷𝍷𝍷 |||

이십삼 ☐
스물셋 ☐

24 𝍷𝍷𝍷𝍷𝍷 𝍷𝍷𝍷𝍷𝍷 𝍷𝍷𝍷𝍷𝍷 𝍷𝍷𝍷𝍷𝍷 ||||

이십사 ☐
스물넷 ☐

25 𝍷𝍷𝍷𝍷𝍷 𝍷𝍷𝍷𝍷𝍷 𝍷𝍷𝍷𝍷𝍷 𝍷𝍷𝍷𝍷𝍷 𝍷𝍷𝍷𝍷𝍷

이십오 ☐
스물다섯 ☐

26부터 30을 배워요

26부터 30까지 숫자를 천천히 따라 쓴 다음에
또박또박 읽고 확인 표시를 해 보세요.

| 26 | 이십육 ☐ |
| | 스물여섯 ☐ |

| 27 | 이십칠 ☐ |
| | 스물일곱 ☐ |

| 28 | 이십팔 ☐ |
| | 스물여덟 ☐ |

| 29 | 이십구 ☐ |
| | 스물아홉 ☐ |

| 30 | 삼십 ☐ |
| | 서른 ☐ |

21부터 30까지 수를 세요

그림을 잘 살펴보고 빈칸에 알맞은 수를 쓴 다음,
천천히 또박또박 읽고 색칠해 보세요.

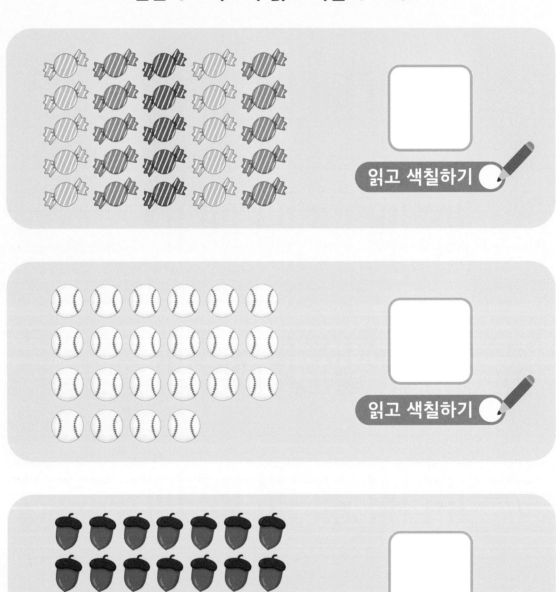

읽고 색칠하기

읽고 색칠하기

읽고 색칠하기

21부터 30까지 순서를 연습해요 ①

21부터 30까지 순서를 잘 생각하면서
숫자의 앞뒤 빈칸에 알맞은 수를 써 보세요.

| | 29 | | | 23 | |

| | 28 | | | 22 | |

| | 26 | | | 24 | |

| | 27 | | | 25 | |

21부터 30까지 순서를 연습해요 ②

21부터 30까지 순서를 잘 생각하면서
빈칸에 알맞은 수를 써 보세요.

21 　　 24 25 26

22 　　 24 25 　　 27

23 24 　　 26 　　 28

　　 25 26 　　 28 29

25 26 　　 28 29

21부터 30까지 수를 연결해요

오늘은 깨끗하게 책상 정리를 하는 날이에요.
21부터 30까지 수를 차례대로 연결해서 그림을 완성해 보세요.

31부터 35를 배워요

31부터 35까지 숫자를 천천히 따라 쓴 다음에
또박또박 여러 번 읽고 확인 표시를 해 보세요.

31 ‖‖‖ ‖‖‖ ‖‖‖ |
‖‖‖ ‖‖‖ ‖‖‖
삼십일 ☐
서른하나 ☐

32 ‖‖‖ ‖‖‖ ‖‖‖ ||
‖‖‖ ‖‖‖ ‖‖‖
삼십이 ☐
서른둘 ☐

33 ‖‖‖ ‖‖‖ ‖‖‖ |||
‖‖‖ ‖‖‖ ‖‖‖
삼십삼 ☐
서른셋 ☐

34 ‖‖‖ ‖‖‖ ‖‖‖ ||||
‖‖‖ ‖‖‖ ‖‖‖
삼십사 ☐
서른넷 ☐

35 ‖‖‖ ‖‖‖ ‖‖‖ ‖‖‖
‖‖‖ ‖‖‖ ‖‖‖
삼십오 ☐
서른다섯 ☐

36부터 40을 배워요

36부터 40까지 숫자를 천천히 따라 쓴 다음에
또박또박 여러 번 읽고 확인 표시를 해 보세요.

36   삼십육 □
      서른여섯 □

37   삼십칠 □
      서른일곱 □

38   삼십팔 □
      서른여덟 □

39   삼십구 □
      서른아홉 □

40   사십 □
      마흔 □

31부터 40까지 수를 세요

그림을 잘 살펴보고 빈칸에 알맞은 수를 쓴 다음,
천천히 또박또박 읽고 색칠해 보세요.

읽고 색칠하기

읽고 색칠하기

읽고 색칠하기

31부터 40까지 순서를 연습해요 ①

31부터 40까지 순서를 잘 생각하면서
숫자의 앞뒤 빈칸에 알맞은 수를 써 보세요.

	37			**32**	

	36			**33**	

	35			**38**	

	34			**39**	

31부터 40까지 순서를 연습해요 ②

31부터 40까지 순서를 잘 생각하면서
빈칸에 알맞은 수를 써 보세요.

31	32	33		35	

32	33		35		37

	34	35	36	37	

34		36	37		39

35	36	37		39	

31부터 40까지 수를 연결해요

토끼와 거북이가 달리기 경주를 하고 있어요.
31부터 40까지 수를 차례대로 연결해서 그림을 완성해 보세요.

41부터 45를 배워요

41부터 45까지 숫자를 천천히 따라 쓴 다음에
또박또박 읽고 확인 표시를 해 보세요.

41   사십일 ☐
     마흔하나 ☐

42   사십이 ☐
     마흔둘 ☐

43   사십삼 ☐
     마흔셋 ☐

44   사십사 ☐
     마흔넷 ☐

45   사십오 ☐
     마흔다섯 ☐

46부터 50을 배워요

46부터 50까지 숫자를 천천히 따라 쓴 다음에
또박또박 읽고 확인 표시를 해 보세요.

46   사십육 ☐
     마흔여섯 ☐

47   사십칠 ☐
     마흔일곱 ☐

48   사십팔 ☐
     마흔여덟 ☐

49   사십구 ☐
     마흔아홉 ☐

50   오십 ☐
     쉰 ☐

41부터 50까지 수를 세요

그림을 잘 살펴보고 빈칸에 알맞은 수를 쓴 다음,
천천히 또박또박 읽고 색칠해 보세요.

읽고 색칠하기

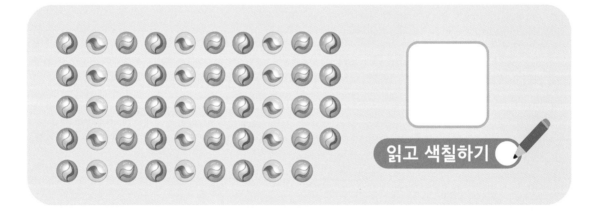

읽고 색칠하기

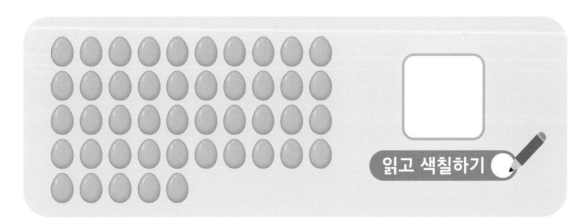

읽고 색칠하기

41부터 50까지 순서를 연습해요 ①

41부터 50까지 순서를 잘 생각하면서
숫자의 앞뒤 빈칸에 알맞은 수를 써 보세요.

| | 49 | | | 45 | |

| | 43 | | | 48 | |

| | 47 | | | 44 | |

| | 42 | | | 46 | |

41부터 50까지 순서를 연습해요 ②

41부터 50까지 순서를 잘 생각하면서
빈칸에 알맞은 수를 써 보세요.

41 42 ☐ ☐ 45 46

42 43 44 45 ☐ ☐

43 ☐ 45 ☐ 47 48

44 ☐ 46 47 48 ☐

☐ 46 47 48 49 ☐

41부터 50까지 수를 연결해요

콩쥐가 깨진 항아리에 열심히 물을 붓고 있어요.
41부터 50까지 수를 차례대로 연결해서 그림을 완성해 보세요.

이름을 찾아요 ①

11부터 50까지의 수를 즐겁게 공부하는 시간이에요.
왼쪽의 숫자를 잘 보고 알맞은 이름을 찾아 연결해 보세요.

38 •   • 이십구

11 •   • 사십칠

29 •   • 십일

47 •   • 오십

50 •   • 삼십팔

이름을 찾아요 ①

11부터 50까지의 수를 즐겁게 공부하는 시간이에요.
왼쪽의 숫자를 잘 보고 알맞은 이름을 찾아 연결해 보세요.

17 ·   · 삼십삼

40 ·   · 이십오

25 ·   · 사십육

33 ·   · 십칠

46 ·   · 사십

이름을 찾아요 ②

11부터 50까지의 수를 즐겁게 공부하는 시간이에요.
왼쪽의 숫자를 잘 보고 알맞은 이름을 찾아 연결해 보세요.

12 •   • 스물

45 •   • 서른아홉

50 •   • 쉰

39 •   • 열둘

20 •   • 마흔다섯

이름을 찾아요 ②

11부터 50까지의 수를 즐겁게 공부하는 시간이에요.
왼쪽의 숫자를 잘 보고 알맞은 이름을 찾아 연결해 보세요.

30 ·   · 마흔

16 ·   · 스물넷

40 ·   · 서른

37 ·   · 열여섯

24 ·   · 서른일곱

순서를 연습해요

새콤달콤 보기만 해도 군침이 나는 사탕 목걸이에요.
11부터 50까지 수를 순서대로 써 보세요.

한 권으로 끝내는 덧셈 뺄셈

초판 1쇄 발행 2021년 12월 20일
초판 2쇄 발행 2023년 1월 10일

지은이 김수현
그린이 전진희
펴낸이 민혜영
펴낸곳 (주)카시오페아 출판사
주소 서울시 마포구 월드컵로 14길 56, 2층
전화 02-303-5580 | **팩스** 02-2179-8768
홈페이지 www.CASSIOPEIABOOK.com | **전자우편** editor@cassiopeiabook.com
출판등록 2012년 12월 27일 제2014-000277호
편집 이수민, 오희라, 양다은 | **디자인** 이성희, 최예슬
마케팅 허경아, 홍수연, 이서우, 이애주, 신혜진

ⓒ김수현, 2021
ISBN 979-11-6827-007-7 63410